本书所得收益将全部捐献给希望工程

在此感谢你的支持

软件开发的
201个原则

201 Principles of Software Development

[美] Alan M. Davis 著
叶 王 马学翔 吴 斌 王冰清 等译
章 淼 审定

电子工业出版社
Publishing House of Electronics Industry
北京·BEIJING

内 容 简 介

本书汇总了软件工程原则。原则是关于软件工程的基本原理、规则或假设，不管所选的技术、工具或语言是什么，这些原则都有效。

全书共9章，第1章为引言，后面8章将201个软件工程的原则划分为8个大的类别：一般原则、需求工程原则、设计原则、编码原则、测试原则、管理原则、产品保证原则和演变原则。

本书面向的读者包括软件工程师和管理者、软件工程专业的学生、软件工程领域的研究人员等。

本书由百度公司支持出版。百度以技术创新为信仰，在创新投入、研发布局、人才引进方面均走在国际前列。百度一直秉承着"科技为更好"的社会责任理念，坚持运用创新技术，聚焦于解决社会问题，履行企业公民的社会责任，为帮助全球用户创造更加美好的生活而不断努力。

201 Principles of Software Development (ISBN 978–0070158405) Copyright © 1995 by Alan M. Davis.

Chinese translation Copyright © 2021 by Publishing House of Electronics Industry.

本书中文简体版专有出版权由 Alan M. Davis 授予电子工业出版社，未经许可，不得以任何方式复制或者抄袭本书的任何部分。

版权贸易合同登记号　图字：01-2021-5313

图书在版编目（CIP）数据

软件开发的201个原则/（美）艾伦·M. 戴维斯（Alan M. Davis）著；叶王等译. —北京：电子工业出版社，2021.10

书名原文：201 Principles of Software Development
ISBN 978-7-121-41997-3

Ⅰ. ①软… Ⅱ. ①艾… ②叶… Ⅲ. ①软件开发 Ⅳ. ①TP311.52

中国版本图书馆 CIP 数据核字（2021）第 187629 号

责任编辑：滕亚帆
印　　刷：河北迅捷佳彩印刷有限公司
装　　订：河北迅捷佳彩印刷有限公司
出版发行：电子工业出版社
　　　　　北京市海淀区万寿路173信箱　　　　邮编：100036
开　　本：880×1230　1/32　　印张：9.125　　字数：222千字　　彩插：1
版　　次：2021年10月第1版
印　　次：2021年12月第2次印刷
定　　价：105.00元

凡所购买电子工业出版社图书有缺损问题，请向购买书店调换。若书店售缺，请与本社发行部联系，联系及邮购电话：（010）88254888，88258888。

质量投诉请发邮件至 zlts@phei.com.cn，盗版侵权举报请发邮件至 dbqq@phei.com.cn。
本书咨询联系方式：（010）51260888-819，faq@phei.com.cn。

给中国软件工程师的寄语

致我的兄弟姐妹们:

和你们一样,我的职业生涯始于软件工程师,那是 1975 年,将近半个世纪之前。我认为我们在时间和国家方面的差异相当微不足道,让我解释一下原因。

- **对比 1975 年与今天**:是的,我们使用的语言和工具已经进化;是的,我们开发的应用程序变得更加复杂。但是,我们所执行的关键任务基本没有变化。无论我们是忙于开发软件给青少年进行娱乐,构建让人们快乐与安全的控制系统,还是构建使世界变得越来越小的通信系统,我们今天都肩负着与 50 年前相同的责任,即,使用我们拥有的最好的知识来构建我们有能力构建的最安全、最可靠、最稳定的系统。
- **对比国家**:美国政客们希望我们相信中国和美国在某种程度上有所不同,我不同意。我相信所有的政府结构都是可以接受的,它们的有效性仅由负责人的领导能力所决定。我不认同某些国家仅因其政府类型看起来不同而可能成为敌人的观点。就我个人而言，我去过 95 个国家，从那些经历中我学到的是，各地的人们都是一样的。所有的父母都希望他们的孩子有最好的机会，人人都爱自己的国家。虽然与中国和美国没有特别的关系，但我个人的看法是，拥有最少的人最"富有"，拥有最多的人往往最"贫穷"。而被美国经济学家称作"生活在贫困线以下"的人们尤其"富有"。就我来说，生活在这种条件下的人们是最先邀请我去他们家并为我提供食物和住所的。依鄙人愚见，他们的热情和分享他们所拥有的少许东西的意愿，让他们变得"富有"。

所以，我像和我的朋友、我的同龄人一样与你交谈。在你的职业生涯中不断进步！努力工作，也要找时间玩乐！在美国，我们是"为工作而生活"，我猜想在中国也是一样。当我住在西班牙时，我了解到他们是"为了生活而工作"。我从未学会这样做，但我羡慕西班牙人的生活方式。我认为我们都应该为此努力。

当你做软件架构设计或"抛出代码"时，不要忽视真正重要的事情。那是什么呢？是你的正直，这是你对自己的看法。如果有人要求你做一些你知道是错误的事情，你有义务阻止它。构建软件时会出现什么问题？这里有一些例子：

- 同意一个你知道不可能的交付日期（只是为了满足某人错误的承诺）。
- 交付你知道尚未经过彻底测试的软件。
- 构建不遵守那些可能造成严重后果的原则的软件。
- 某些系统违背你的道德或伦理信仰，而你贡献的软件将在其中发挥作用。

做这些事情的惩罚可能很严重，但回报是巨大的：知道你做了正确的事，晚上就能睡个好觉。我因坚持这些原则只被解雇过一次。当时我是一个技术中心的主任，被我的副总裁上司解雇了。这在当时是非常痛苦的。但是现在回想起来，我对坚持我认为正确的事情感到非常高兴。我不是提倡你们所有人都被解雇，我是提倡你对正在做的工作有一个广阔的视野。着眼大局，看看你的贡献如何体现，并忠于自己。软件工程是一个美妙的职业，它使你能够进入数百个以软件为支柱的专业领域。正如斯波克所说，"生生不息，繁荣昌盛。"

好好享受！

Alan M. Davis
2021 年 9 月

本书在 GitHub 上建有相关主题讨论区，读者可通过 GitHub 官网进入 ikingye/201posd 库，展开讨论和提交反馈。
　　欢迎你的加入！

A Message to Chinese Software Engineers

To My Brothers and Sisters,

Like you, I started my career as a software engineer; that was almost half a century ago, back in 1975. I see our differences in time and nation to be fairly insignificant; let me explain why.

- Comparing 1975 with today: Yes, the languages and tools we use have evolved. Yes, the applications we work on have grown far more complex. However, the critical missions we are on are basically unchanged. Whether we are busy engineering software to entertain teenagers playing games, building control systems that keep people happy and safe, or building communication systems that enable the world to become ever smaller, we all have the same responsibility today we had 50 years ago, i.e., to use our best knowledge to build the safest, most reliable, least vulnerable systems we are capable of.

- Comparing nations: Politicians would like us to believe that China and the USA are somehow different. I disagree. I believe that all structures of government are perfectly acceptable; their effectiveness is only limited by the leadership capabilities of the individuals in charge. I do not subscribe to the belief that some country can be an enemy simply because its type of government looks different. Personally, I have traveled to 95 countries, and what I have learned from that experience is that people are the same everywhere. All parents want the best opportunities for their children. All people love their own country. Although little to do with China and USA specifically, my own opinion is that people who have the least are the richest, and people who have the most tend to be the poorest. So much for what politicians, led by their economists, call people who "live below the poverty line." For me, people who live in such conditions are the first to invite me into their homes and provide me with food and shelter. Their warmth and willingness to share what little they have makes them rich, IMHO.

So, I talk to you as my friends, my peers. Go forth in your careers. Work hard, but also find time to play. In USA, we "live to work;" I suspect it is the same in China. When I lived in Spain, I learned that they "work to live." I never learned to do that, but I envy Spaniards with their lifestyles. I think we should all try to strive for that.

When you are architecting software or "throwing code," do not lose sight of what is really important. And what is that? It is your integrity. It is your opinion of yourself. If somebody asks you to do something that you know is wrong, you have an obligation to yourself to stop it. What can be wrong when building software? Here are some examples:

- Agreeing to a delivery date that you know is impossible (just to satisfy somebody else's misguided promise)[1].
- Delivering software that you know has not been thoroughly tested.
- Building software that does not abide by the most severe of the enclosed principles.
- Contributing software that will play a role in a system that violates your own moral or ethical beliefs.

The penalties for doing these things can be severe, but the rewards are great: you will be able to sleep well at night knowing that you did the right thing. I was fired only once for standing on such principles. At the time I was a director of a technology center, and I was fired by my boss, who was a Vice President. It was extremely traumatic at the time. But looking back now, I feel so great about taking a stand for what I believe was right. I am not advocating that all of you get yourselves fired! I am advocating that you take a broad perspective of the job you are doing. Look at the big picture. See how your contribution fits in. And stay true to yourselves. Software engineering is a wonderful career. It enables you to enter hundreds of specialized fields that utilize software as their backbone. As Spock said, "Live long and prosper." Enjoy it!

Alan M. Davis

2021.9

---

1 Although there is nothing wrong with working incredibly hard to try and reach a seemingly impossible date in order to help another human save face.

推荐序 1

我在攻读硕士学位时,学习的是软件工程,从那时起我就和软件工程结下了不解之缘,至今已经 35 年。在这期间,我的工作和软件工程一直有着紧密联系,我惊奇地发现,软件工程的一些基本原则,历经几十年也没有过时。在软件开发过程中,所有的软件开发者和软件项目管理者都会面临同样的问题。不同的公司有不同的文化背景,虽然开发不同的软件项目有不同的实践过程,但要遵守的基本原则都是一样的。软件开发的方法论和基本原则,并不像语言和工具领域那样活跃,它们都没有明显的变化。

我曾在美国硅谷的软件公司工作,也曾在国内担任大型软件公司研发中心负责人。在百度,我曾领导工程效能部,并一直负责技术培训中心的工作,这让我有机会看到世界先进的软件开发方法和实践,有足够的时间观察、对比中外软件工程师的不同。总结起来,我有两个非常深刻的感受。第一,了解软件开发基本原则的同事,比那些不了解基本原则的,编写代码的质量和开发效率明显胜出一等。我的同事,有些是软件工程科班出身,有些没有系统学习过软件工程,他们在软件开发过程中体现出来的工程素养很不一样。缺乏工程素养,仅凭自己的直觉理解软件开发,是一件非常糟糕的事情。例如,有些人重视代码编写技巧,而轻视软件开发的工程属性;有些人在对需求缺乏真正理解的时候就急于编写代码;有些人重视软件的功能实现,轻视文档对于软件开发和软件作品的重要性;有些人重视代码的功能性,而对代码的可读性和可维护性是何等重要缺乏足够的认知,等等。这导致软件宕机、返工等质量问题时有发生。第二,中国和发达国家相比,软件开发者的工程素养存在很大差距。作为软件从业人员,我时常想"为什么那么多优秀软件出自国外,而不是中国?"带着这样的问题,我去了硅谷,想一探究竟。几年下来,我发现,美国的软件工程实践确实值得我们借鉴和学习。他们的软件工程师开发出了那么多优秀的通用软件,特别是质量很高的基础软件,这些软件几乎在全世界被使用,他们也积累了很多值得我们效仿的优秀实践,总结出了很多我们必须牢记、付诸行动的软件开发基本原则。

很高兴看到 *201 Principles of Software Development* 的中译本即将出版。这本书的出版对于提升国内软件工程师的素养、学习国外先进的软件工程理念,必将做出积极的贡献。这本书通俗易懂,每一个原则短小精悍,既独立成文,又相互联系,是难得一见的软件工程领域的好书,特别适合用于企业培训中心对在职工程师的培训,可使受训者的工程能力和工程素养得到较大提升。

大概在五六年前,我们在百度开始进行软件工程师工程素养专项培训。作为百度代码规范委员会主席,也是百度技术培训中心金牌讲师的章淼博士,特地为此开设了"代码的艺术"课程,并指定

201 Principles of Software Development 作为教材，这门课程很快就成为百度工程师最喜爱的课程。

因为真喜欢，所以本书的译者们不计较个人得失，付出大量时间和精力进行翻译，目的是让更多同行受益解惑。这本书的译者都是上过"代码的艺术"课程的学员，他们从中获益，也深知这本书能给读者带来帮助。

陈尚义
百度技术委员会理事长
2021 年 7 月写于百度

推荐序 2

我们所生活的社会的数字化程度越来越高，对计算机软件的依赖也越来越强。因此，软件开发在未来社会中会愈发重要。虽然人类在工程领域已经积累了上千年的经验，但是在软件工程领域却仅有几十年的沉淀。而软件工程本身还在不断快速发展、进化中，这导致软件工程的过程、方法、工具也在不断快速演进，而各种相关图书、网络教程也非常多，给人一种层出不穷、应接不暇的感觉。因此，如何能让大量软件工程实践者尽快掌握软件工程的精髓，是一个很大的挑战。

作为清华大学计算机系本科生必修课——软件工程——的任课教师，我对上述挑战也深有体会。"软件工程"课堂上的知识点就像资深实践者或学者总结出来的软件工程的"武功秘籍"，而软件工程的"武功"需要学生们自己"练武"习得。因此在课程的实践环节中，我们与企业联合设置了大作业题目——把企业实习带入课程，由企业中经验丰富的工程师言传身教软件工程中的知识点，与助教一起指导同学们完成大作业；同时邀请各行各业的资深软件工程师在课堂上做分享，为"软件工程"课程中的知识现身说法，提供鲜活的实践案例。

这些都对帮助同学们掌握软件工程技能起到了很好的作用，但是我个人感觉还缺少一本软件工程"武功秘籍口诀"类的工具书：既言简意赅，又对软件工程生命周期中的需求、设计、编码、测试、维护有全面覆盖。这样一本书能够让软件工程师在实践过程中时不时拿出来翻阅（而不是去翻查大量大部头的图书或课件），一方面检验自己前一阶段的实践是否遵循或违背了软件工程的重要原则，另一方面为下一阶段的实践提供方向性的指导。

本书恰恰就是这样一本书。虽然书中的 201 个原则总结于 20 多年前，但是其中绝大多数原则还能很好地适用于当今这个时代。我相信，这本书一定会对中国的广大软件工程师起到很大的帮助作用，并且对推动中国软件工程行业的健康发展产生良好的影响。我在此向中国广大软件工程师们强烈推荐这本书！

最后，真诚地感谢作者 Alan M. Davis 和本书译者们的辛勤付出！

裴丹
清华大学计算机系长聘副教授、博士生导师
清华大学计算机系本科生必修课"软件工程"课程的任课教师

推荐序 3

在读到书中那些经典软件工程原则的那一刻，我不禁回忆起那尘封已久的学习编程和开发软件的岁月，看的内容越多，脑海中的影像就越清晰。1995 年，我开始攻读博士学位，论文方向是软件过程改进，就是研究如何从过程管理的角度来提升软件质量。关于软件质量，业界普遍认为有 3 个决定性要素：人、过程和工具。如何基于这些要素提升代码的质量和开发效率，是软件工程研究者和实践者一直在努力的方向。回顾这二十几年的软件工程演进历程，会发现其经历了很多有趣的变化和反转。

20 世纪 90 年代中期是软件过程成熟度模型（CMM）兴起的年代，研究者们坚信，好的过程管理可以得到高质量的软件；反过来讲，糟糕的软件一定没有好的过程管理。同时"软件工厂"的概念也大行其道，各种 CASE 工具层出不穷。我们还进一步提出了以过程为中心的软件工程环境（PSEE），试图将 CMM 和 CASE 工具整合在一起，以便固化工具和流程，从而把精力放到人身上。但正如 Alan 在前言中提到的那样：事情并没有按照研究者的预期方向发展。我认为，IT 技术的高速演进是最重要的原因，新技术和新架构在不断摧毁研究者费尽千辛万苦建立起来的各种过程改进标准、各种 CASE 工具和代码生成器。

2000 年前后，以人为本的"敏捷"运动成为软件工程领域的新势力。书中介绍的第 131 个和第 141 个原则揭示了背后的原因：好的软件工程师和差的软件工程师的研发效率可能差 25 倍，质量可能差 10 倍。软件工程师并不是"新时代农民工"，而是高科技脑力工作者。人超越了过程和 CASE 工具，重新回到软件工程的"C 位"。但敏捷开发工程师并不等同于早期的软件英雄：敏捷运动的实践者们强调的是全能内聚团队，而非英雄个体。敏捷实践者们也非常关注流程和工具的作用：重视过程管理的 SCRUM 最终胜出，2001 年出现了第一种持续集成（CI）工具。作为整个过程的亲历者，我非常有幸获评为敏捷运动杰出贡献者。正当大家以 SCRUM 为中心重新构建整套软件工程体系的时候，宽带和 3G 悄然兴起，互联网开始席卷软件行业。

2005 年前后，Web 2.0 技术崛起，面向消费者的网上社区、电子商务、社交网络等开发逐渐成为主流。2009 年，4G 通信网络商用进一步推动了"互联网+App"的开发模式。激烈竞争使从持续集成（CI）演进而来的持续交付（CD）开始在 2010 年前后兴起。2017 年，中国率先制定 DevOps 的评定标准并开展评定，研发和运维从此接轨。DevOps 和敏捷开发的最大区别在于：工具链成为软件工程管理的核心，过程和工具链配套，软件工程师利用工具链提升开发效率和质量。与此同时，成熟的软件框架让内聚和耦合原则不再重要，复用成为主旋律。

从以过程为中心到以人为中心，再到以工具链为中心，这些年软件工程经历了令人眼花缭乱的变革。未来，软件新技术、新架构和新业务还会不断涌现，软件工程仍然会变革，但不变的是 Alan 这本书中介绍的 201 个原则。

钱岭
中国移动云能力中心首席科学家
2021 年 8 月 17 日

推荐语

《软件开发的 201 个原则》是软件工程领域不可多得的经典图书，内容简明扼要、历久弥新。书中所述原则是工程师开发过程中的一盏明灯，在困惑彷徨时翻阅使人茅塞顿开。本书是百度"代码的艺术训练营"的教材，受到工程师的广泛好评；受益于本书所述的原则，百度的工程师自发翻译此书，希望惠及更多工程师。

——陈竞凯&吴华　百度技术委员会主席

去年在 Gopher China 大会上第一次听章博士分享《软件开发的 201 个原则》这本书，我非常震撼。之前自己在软件开发过程中摸索的一些规则，在这本书中都有讲述。自此之后只要提到工程师提升，我必定首推这本书，因为它把软件工程师所需具备的软实力进行了细致分解和精辟总结。这本书的中文版终于正式出版了，强烈推荐大家去读一读，将使你终生受益。

——谢孟军　Gopher China 社区创始人，积梦智能 CEO

此书总结的不仅是软件开发的基本原则,而是适用领域更广的工程师哲学提炼。相信你和我一样,会从中找到共鸣,并激发思考,得到如获至宝的喜悦。融会贯通这 201 个原则会是一个漫长的过程,(软件)工程师"内力修为"的提升却已从你翻开这本"心法秘籍"的那一刻开始了……

——胡成臣　Xilinx 亚太区 CTO office 和亚太区实验室负责人

软件工程是一个系统性学科。从需求、编码、测试到管理,每一位工程师都要了解其基础方法论。本书通过短小精炼的不同篇章,串连起了软件开发中的内核和上层指导思想。原著虽写于 1995 年,但其阐释的"知识、方法、精神"却没有随时间的更迭而褪色。

——单致豪　腾讯开源联盟主席

这是一本软件工程的经典图书,是一本将软件开发从"术"升华为"道"的著作。本书不仅总结了软件开发的一般性原则,还将软件开发过程中从需求分析、设计到编码、测试等全链条所需要遵守的原则一一进行了列举。作为百度"代码的艺术训练营"的教材,本书极具操作性。百度团队不辞辛劳将该书翻译为中文,是广大软件工程师的福祉。

——龙飞　中国搜索技术研发部主任

经典之所以成为经典,在于它历久弥新,常看常新。本书是软件工程领域的一本经典著作,虽然自其发表至今的 26 年间,软件开发的语言、工具、技术、方法都发生了巨大的变化,但这 201 个原则中的绝大部分在当下仍然适用。这些原则不仅覆盖了软件开发从需求分析到设计、编码、测试的各个工作环节，同时还针对相关的团队和项目管理总结了很多宝贵经验，对于参与软件开发的每个人以及管理者都有很好的借鉴意义。

——陆薇　昆仑数据创始人&CEO

　　这本书的英文原版写于 1995 年，当时我还在读大学本科。限于当时的信息还不是很发达，很遗憾没有了解和读到这本书。时隔 20 多年，软件产业的规模和迭代速度发生了很大的变化，但其核心的原则和方法并未发生根本性改变。编写高质量的软件仍然因为其高度的灵活性和复杂性以及高速迭代，是一件需要持久追求的目标，本书中总结的原则也仍然是软件行业从业者的宝典。非常感谢章淼博士及其同事将这本书带到国内并进行了翻译，希望每一位读者都能从阅读此书中受益！

——叶航军　小米集团技术委员会主席

　　当今的社会是软件驱动世界，软件工程的基本原则不可不知。讲述软件工程方法论的图书汗牛充栋，本书是一本很好的索引和汇编，是软件行业从业者应该考虑的一本枕边书。少即是多，当你无所适从时，想一下这本书。读者朋友们将会发现，这些原则是我们思考、讨论、发现、分析、解决问题的百宝箱，如何融会贯通地使用、与时俱进地发展，需要不断修炼，这也是软件行业从业者的乐趣所在。

　　在这个行业，翻译 20 多年前的书可称之为"考古"。非常佩服翻译小组追求"先贤"智慧、寻求软件工程底层驱动、无私奉献的精神。

——李中杰　高德研发效能中心负责人

近日人社部的一份报告提出了"新生代农民工"的概念，引起了 IT 朋友圈的一阵自嘲和调侃。新的技术、框架甚至编程语言层出不穷，年轻一代从业者对新技术如数家珍，而"设计模式""原则"等集前人智慧之大成之作，却因年代久远而被逐渐遗忘。感谢章淼博士和百度的同事将这本经典图书精心翻译出来，相信对当代管理者、产品设计、研发、测试等岗位有重要指导意义。许多夜不能寐的苦思冥想，也许前人早有答案。

——马越　开源中国 CEO

日复一日的工作使我们很多时候不再有更深层次的思考，解决事情的方式不再追求本质、高效、突破，久而久之，对很多事情没有了好奇心，对于应极具创造性的工程师来说这是很可怕的。真正的优秀来自不断更新自我，向往有意义、有追求的创新目标，同时坚守基本原则、回归技术本质。这本书的内容具有导师般的智慧，简短有力，直击本质，希望能对每一位软件工程师有所启迪，帮助大家多多交付杰出产品。

——刘付强　麦思博（msup）创始人兼 CEO

软件与芯片是电子信息领域的核心技术。当前，我国正面临核心关键技术上的挑战，《软件开发的 201 个原则》的出版正逢其时。正如本书推荐序中所说，软件工程、软件研发的理念在我国的普及程度还不高，需要更大力度地宣传与学习。以百度公司章淼博士为代表的诸位专家是软件开发先进理念与原则的实践者与推广者，相信他们完成的这本精品译著将给广大读者带来巨大的收获与惊喜！

——喻文健　清华大学计算机系软件所所长

本书让我联想起了哲学领域的《沉思录》，虽然创作时代久远，但每次阅读总能从中得到新的启发，常读常新。这是一本可以时常翻阅的手册，对于初学者和有一定经验的开发人员都非常有用，通俗易懂又内涵深刻。书中的每个原则背后都凝练了软件开发者的智慧，相信能够在一定程度上帮助软件开发人员写出更规范、更优雅的代码。

——祁宁　思否（SegmentFault）创始人、CTO，Typecho 开源博客系统作者

软件是一个程序员最看重的宝贝，是心血所系。怎样把这个宝贝培养好，让其茁壮成长甚至面对变化不断蜕变涅槃，恐怕会有很多事与愿违的烦恼。感谢译者的努力，为大家提供了一本专业的"育儿指南"。

——王龙　华为北冥实验室主任

最近常听到 10x 程序员的说法，意思是，优秀程序员的生产效率可以达到普通程序员的 10 倍。我的确遇到过特别优秀的程序员，也许没有 10 倍那么夸张，但他们的确是团队甚至企业的中流砥柱。据我观察，10x 程序员并非天生。他们更积极地探索未知的领域，更努力地磨炼自己的技艺，不知不觉间达到了出神入化的境界。每个程序员都可以不断修炼提升自己的境界。修炼过程中借鉴前人的经验可以事半功倍。本书是一本简洁实用的软件工程经典，其中的原则覆盖了从需求分析到产品演进的软件研发全流程。经过了 20 多年，书中超过 95% 的原则都没有过时，可谓经得起时间的检验。谨把此书推荐给软件从业者，希望中国软件行业能涌现出更多的 10x 程序员。

——张迎辉　敏捷教练/DevOps 教练

理解深层次的软件开发原则将帮助工程师更好地利用开发方法构建高质量的软件工程。《软件开发的 201 个原则》是一本软件工程原则集，覆盖管理、需求、设计、编码、测试、演变等软件开发全流程。这本书不涉及具体技术、语言或工具，系统地梳理了软件开发趋势背后的基本原理，历时 26 年，仍广受认可。相信阅读此书的软件从业者或即将从事软件开发行业的人员都将受益匪浅。

——郭雪　中国信通院云大所云计算部副主任

什么是软件工程能力？如何定义一个人、一个组织的工程能力？是有趣并值得深入探讨的事情。《软件开发的 201 个原则》这本书给了我们很多启发和指引。

软件工程师只有对软件研发有系统性的认知，才有可能持续成长，一个团队亦然。这本书沉淀了大量软件工程领域的理念及洞察，它们不是最新的，却是最稳定的那部分。希望大家在工作和学习的同时，能够在软件开发的各生命周期，不断去验证、去回顾这 201 个原则，真正的深度思考将会让我们受益匪浅。

——陈曦　招商银行首席 IT 工程师

作者序

在 1995 年版的序言中，我写道，

如果软件工程真的是一门工程学科，那么它是对经过验证的原则、技术、语言和工具的智慧的运用，用于有成本效益地创造和维护能够满足用户需求的软件。本书是有史以来第一本成册的软件工程原则集。[1] 原则是关于软件工程的基本原理、规则或假设，不管所选的技术、工具或语言是什么，其都有效。

26 年后的今天，当我审视这 201 条原则时，我很高兴地宣告，几乎所有的原则都经受住了时间的考验，就像物理学中的基本原理一样。

然而，在这 26 年里，因为软件造成的问题相当之多。举几个例子：

- 波音 737 MAX 机动特性增强系统（MCAS）的单点故障导

---

1 Winston Royce 和 Barry Boehm 发表了软件工程原则方面最早的两篇论文，分别包含 5 个原则和 7 个原则[ROY70，BOE83]。

致了两起空难，共造成 346 人死亡，调查结果是软件测试不彻底。
- 全球范围的软件系统反复被勒索软件攻击，表明软件存在漏洞。
- 一个无法预测且未被发现的溢出错误导致人类飞行控制员必须在发射后立即销毁阿丽亚娜 5 型运载火箭。
- 火星气候轨道飞行器坠毁在火星上，原因是两个程序员关于变量的单位出现错误沟通：一个认为是磅，另一个认为是牛顿。

当桥梁或建筑物倒塌时，调查人员会尝试确定是什么地方出了问题。通常，是因为建筑商未能遵守建筑规范（即施工期间要遵循的一套规则或原则），或者检查员未能找到物理损坏的位置。当软件失败时，通常是因为软件工程组织没有遵守某个原则。[1]

理解和实践一门学科的所有原则是否可以预防所有灾难？绝对不是。它只会大大降低因你而导致灾难的可能性。正如亚历山大·波普所说，"犯错是人之常情。"只有通过犯错，我们才能学习，并制定新的原则。

在这本书中发表的大部分原则并非原创，很多是从软件工程从业者和研究者的著作中摘录而来的。这些人无私地和我们分享他们的经验、想法和智慧。我并不认为这 201 个原则是相互独立的。不像 Boehm 提出的 7 个"基本"软件工程原则，本书中的一些原则的组合可能蕴涵另一个原则。但我也不认为这 201 个原则中的某两个或某几个原则

---

[1] 由于软件并非实体的，并且不会因与元素的交互而退化，我能想到的软件"物理退化"的唯一等价物是它在经历维护时变得越来越不可靠（无论是修正还是增强）。但是，执行维护的软件工程组织应该遵守软件工程的基本原则。

是 100% 兼容的。俗话所说的，"距离产生美"和"眼不见，心不烦"都是真理，每个原则都可以应用在我们的生活中，但是它们却不能同时用来证明同一个决定是正确的。本书中包含的原则都是有效的，它们都能够用来提升软件工程的水平，但也许并不能将某些组合应用到同一个项目中。

本版中的原则与 1995 版中的原则相同。但是，你可能会对我的想法感兴趣，哪些仍然是绝对正确的，哪些是我怀疑的。以下是我的想法：

对于第 2 章中介绍的一般原则，全部依然有效。一些额外说明如下。

- 在原则 23~25 中，"CASE"这个词已经不流行了。今天，主要的软件开发工具支持问题跟踪、版本控制、虚拟机模拟、项目管理和调试。
- 对于原则 28，我必须承认，在过去 26 年里，据我所知，没有一个为我工作过的软件工程师使用过形式化方法本身，尽管其中很多人还拥有高等数学学位，也就是说，他们在本质上，是知道如何以形式化的方式思考的。

对于第 3 章中介绍的需求工程原则，全部依然有效。一些额外说明如下。

- 对于原则 40、41、43、45、47、48、49 和 54，在过去 26 年的大部分时间里，我一直致力于创业，在这种环境下，向客户提供一系列不断增大的最小可行产品（MVP）以获取他们的反馈至关重要。我们只是在问题跟踪工具中以自然语言维护我们的需求，我们可以轻松地用优先级、目标版本、状态和注解对它们进行注释。当然，这正是原则 60 所体现的精神。

对于第 4 章中介绍的设计原则，全部依然有效。一些额外说明如下。

- 对于原则 73，如今耦合和内聚变得不那么重要，已经被重用所取代。今天，我们通过从大量经过验证的组件库中选取许多组件来构建系统，并在必要时进行定制开发。库所依赖的框架倾向于鼓励弱耦合和强内聚，但我们不再需要考虑它了。
- 原则 76 和 84 可能是所有原则中最重要的原则。当然，我们在过去 26 年见证了框架的出现，它使软件重用变得更加容易。事实上，不再称之为重用，我们就简称其为软件开发。
- 随着硬件变得更快、更便宜，原则 79 变得越来越不重要。
- 原则 80，如果实施更正，可能已经避免了阿丽亚娜 5 型火箭的灾难。

对于第 5 章中介绍的编码原则，全部依然有效。一些额外说明如下。

- 对于原则 94，我认为现代软件工程师不需要再担心这个了。
- 对于原则 96，这仍然是我的最爱之一。我一直在实践它，我的软件工程师同事认为我疯了。

对于第 6 章中介绍的测试原则，全部依然有效。一些额外说明如下。

- 对于原则 120，谨以此向我的朋友汤姆·麦克凯布致以崇高的敬意，我认为他的指标已经不再有用。我知道没有人再使用它了。对不起,汤姆。
- 对于原则 124,所有现代测试工具都会自动执行此操作。

对于第 7 章中介绍的管理原则,全部依然有效。一些额外说明如下。

- 对于原则 129、131、132、133、134、135、137、138、140、142 和 147,如果你不相信这些,请不要成为经理。
- 对于原则 168,对当今的大多数应用程序来说不是一个真正的问题。

对于第 8 章中介绍的产品保证原则,全部依然有效。一些额外说明:

- 我最近托运了一辆自行车,几乎横跨了整个国家,当收到时,货物箱子损坏而且很多零件不见了。我联系制造商购买缺少的零件,他们告诉我,每辆自行车都不同,虽然我有型号,但每辆自行车的每个实例都是不同的。不仅如此,他们也没有记录每辆运输的自行车组装了哪些零件,因此他们不可能将丢失的零件寄给我。我很震惊。软件配置管理(如今,通常称为版本控制)应该跟踪每个组件的每个版本,以及组件版本的哪些组合构成了可行的系统,以及哪些客户拥有哪些可行的版本。我认为这应该是一个新的原则。
- 对于原则 176 和 177,可能不再那么重要了。

对于第 9 章中介绍的演变原则,全部依然有效。

Alan M. Davis

2021.9

参考文献

[BOE83] Boehm, B., "Seven Basic Principles of Software Engineering," *Journal of Systems and Software*, 3, 1 (March 1983), pp. 3-24.

[LEH80] Lehman, M., "On Understanding Laws, Evolution, and Conservation in the Large-Program Life Cycle," *Journal of Systems and Software*, 1, 3 (July 1980), pp. 213-221.

[ROY70] Royce, W., "Managing the Development of Large Software Systems," WESCON '70, 1970; reprinted in *9th International Conference on Software Engineering*, Washington, D.C.: IEEE Computer Society Press, 1987, pp.328-338.

译者序

我不是译者,仅是一名校对者。大家让我来写这篇译者序,盛情难却,无法推脱。

本书英文版是我于 2017 年至 2020 年在百度举办"代码的艺术训练营"时使用的教材。这本书的内容深受训练营学员的好评。由于之前没有中文版,对于部分英文基础不太好的同学来说,阅读有些困难。在 2019 年年底,十多名"代码的艺术训练营"的毕业生自发组织起来,开始了对此书的翻译工作。我从 2020 年 5 月初开始校对工作,完成全书的校对,我花费了 80~100 小时。由此推断,负责翻译的同学花费了数倍于此的时间。非常感谢这些同学的无私付出!

初识本书英文版是在二十多年前。当时我还在清华大学读书,在老师的指导下做一个有一定规模的软件研发项目,在项目的研发过程中,遇到了不少软件工程方面的问题。于是在那一年,我阅读了大约十本软件工程方面的图书,包括 *Code Complete*(《代码大全》)、*Rapid Development*、*Programming Pearls*(《编程珠玑》),等等。本书是我当时在清华大学图书馆里发现的"宝贝"。我必须说，此书对我的影响非常大，很多我现在经常提起的软件工程原则，都源于对这本书的阅读。

2006年我离开清华大学，到目前为止已经在工业界工作了十多年，先后就职于多家公司。我发现，虽然我们的软件研发规模和二十多年前相比有了很大的发展，但是在软件研发理念方面的进步还是太慢了。有太多的软件从业者，虽然已经工作多年，但对软件研发的基本理念和原则了解得还是不够多。根据我的多次调查，阅读超过两本"真正的"软件工程图书的人都非常少。很多软件工程师，仍然使用非常低效甚至是错误的方法在工作！

于是在2015年，我在百度开办了"代码的艺术"面授课程，其中就重点推荐了本书的英文版。而在2017年做"代码的艺术训练营"的时候，这本书就成了指定教材。为什么要选择这本书？因为它对软件工程的内容覆盖全面，且篇幅短小。对于一个短期培训班来说，如果选择类似《代码大全》这样的图书，阅读所需要的时间就有些太多了。在这种情况下，本书的英文版是一个性价比更高的选择。另外，我常常感觉，对于一个软件工程师，具备正确的意识比掌握具体的知识更重要。如果有正确的意识，即使不记得具体的知识点，也可以在需要的时候查阅相关资料，而反过来则不是这样的。

必须要说的是，本书的英文版写于1995年，距今已经有26年。这也是很多人担心的地方——计算机技术发展得如此之快，这本书是不是已经过时了？但是，正如我在"代码的艺术"课程中对"知识""方法""精神"三者所做的对比，方法的变化速度远远慢于知识。尤其是在本次校对过程中，我惊奇地发现，书中真的可以说是"过时"的原则不足5个！是软件研发的方法变化太慢，还是书的内容太深刻？

我想两者兼而有之。在此，我必须要对本书的作者 Alan M. Davis 致敬，并对书中所有原则的贡献者和历史上所有软件工程领域的大师们致敬！

在此，我要隆重介绍翻译本书的百度的同学们，他们是：叶王、马学翔、吴斌、王冰清、杨光、曾浩浩、李殿斌、甘璐、李子昂、肖远昊、贾儒、王莹、张苗、李双婕、荣文升。另外，经大家商定，将本书因翻译出版获得的稿酬全都捐赠给公益事业。

最后，所有阅读本书的软件工程师和所有准备从事软件研发的同学们，我祝愿本书能助你们取得更大的成功！

章淼 博士
百度 BFE 团队技术负责人、百度代码规范委员会主席
2021 年 6 月 14 日写于百度

前言

如果软件工程真的是一门工程学科,那么它是对经过验证的原则、技术、语言和工具的智慧的运用,用于有成本效益地创造和维护能够满足用户需求的软件。本书是有史以来第一本成册的软件工程原则集。[1] 原则是关于软件工程的基本原理、规则或假设,不管所选的技术、工具或语言是什么,其都有效。在这本书中发表的大部分原则并非原创,很多是从软件工程从业者和研究者的著作中摘录而来的。这些人无私地和我们分享他们的经验、想法和智慧。我并不认为这 201 个原则是相互独立的。不像 Boehm 提出的 7 个"基本"软件工程原则,本书中的一些原则的组合可能蕴涵另一个原则。但我也不认为这 201 个原则中的某两个或某几个原则是 100% 兼容的。俗话所说的,"距离产生美"和"眼不见,心不烦"都是真理,每个原则都可以应用在我们的生活中,但是它们却不能同时用来证明同一个决定是正确的。本书中包含的原则都是有效的,它们都能够用来提升软件工程的水平,

---

1 Winston Royce 和 Barry Boehm 发表了软件工程原则方面最早的两篇论文,分别包含 5 个原则和 7 个原则[ROY70,BOE83]。

但也许并不能将某些组合应用到同一个项目中。

Manny Lehman [LEH80]已经充分说明，为什么软件工程的基本原则和人类探索的其他领域的基本原则存在根本性的不同。他说，没有理由期待软件工程的原则具备和（例如）物理学原理一样的精确性和可预测性。原因是，一方面不像物理学或生物学，软件开发过程是由人来管理和实现的；这样，从长远看，软件开发的行为是不可预测的，它依赖于人的判断、奇想和行动。另一方面，软件似乎展现出很多有规律和可预测的特征[LEH80]。这使得很多基本原理可以被列出，并可以被没有经验的或有经验的软件工程师和管理者使用，以增强软件工程过程和软件产品的质量。

本书的目的是，将软件工程的原则集中在一本书中作为参考指南。本书的目标读者为以下三个群体。

1. **软件工程师和管理者。**在本书中，你可以弄清什么是好的，什么是不好的。如果在软件工程或软件管理方面你是一个新人，本书可使你明确需要了解哪些知识。
2. **软件工程方向的学生。**对学生来说，本书有两个主要用途。首先，这里有基本的、非教条的原则，这些原则是每个软件工程师都应该知道的。其次，本书各页上的参考文献指向软件工程方面最好的一些论文和图书。即使你只阅读了参考文献的内容，你也会接触到非常丰富的知识。
3. **软件研究人员。**研究人员也许经常发现，找寻一个想法的最初来源是困难的。我已经提供了参考文献，以指明最初的来源，或引用了可替代最初来源的资料。

我真诚地希望，每位购买本书的读者，都能够努力去阅读尽可能多的参考资料。我对原则的简要描述，希望做到友好、易于阅读和见解深刻。但是要做到真正理解，你还需要阅读参考文献。这些参考文献并不一定是这些想法的最初来源（虽然很多时候它们确实是最初来源）。这里给出的原则，也不一定是这些参考文献的重点内容。然而，在每个案例中，参考文献都包含了和原则有关的大量对你有帮助的背景、洞察、原因、备查数据或信息。

总之，本书应该成为你查阅任何软件工程思想的第一个地方。然而，这是一本关于原则的书，不是关于技术、语言或工具的。在这里，你无法找到如何使用本书介绍的原则中提到的技术、语言和工具的内容。而且，本书尽力避免提及各种流行趋势，不管是好的还是坏的！在大多数情况下，流行趋势会持续 3～10 年，然后就"失宠"了。在本书中，读者可能能够看到某个流行趋势背后的基本原理，而不是流行趋势本身。例如，你在这里看不到直接介绍面向对象的参考文献，但是可以看到面向对象之下的基本原则，如封装。

所有的原则被划分为几个大的类别，以便查找，也便于发现类似的原则。这些类别对应于软件开发的各个主要阶段（即需求分析、设计等），也对应于其他关键的"支持"活动，如管理、产品保证等，本书的组织结构如图 P-1 所示。

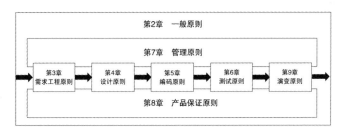

图 P-1　本书的组织

Alan M. Davis

参考文献

[BOE83] Boehm, B., "Seven Basic Principles of Software Engineering," *Journal of Systems and Software*, 3, 1 (March 1983), pp. 3-24.

[LEH80] Lehman, M., "On Understanding Laws, Evolution, and Conservation in the Large-Program Life Cycle," *Journal of Systems and Software*, 1, 3 (July 1980), pp. 213-221.

[ROY70] Royce, W., "Managing the Development of Large Software Systems," WESCON '70, 1970; reprinted in *9th International Conference on Software Engineering*, Washington, D.C.: IEEE Computer Society Press, 1987, pp.328-338.

读者服务

微信扫码回复：41997

- 获取本书扩展资料链接
- 加入本书读者交流群，与译者互动，第一时间获取百度技术培训信息
- 获取【百场业界大咖直播合集】(持续更新)，仅需1元

致谢

Drexel 大学的 Stephen Andriole，在我们一起教授一门课的时候，在不知不觉中他启发了我来写这本书。我刚才提到，软件工程和其他工程学科一样是由一组底层原则来驱动的。我的说法似乎很合乎逻辑。然而，Stephen 挑战我："Al，说出一个，就说出一个！"很幸运，我的脑子转得很快，想出了一个。他说："好，只要再说一个，我就相信确实存在软件工程的原则。"我想出了一个又一个。

Kerry Baugh 负责保证书稿的质量。Stephen Andriole、Manny Lehman 和 Jawed Siddiqi 评审了书稿的早期版本。Siddiqi 博士在如何组织这些原则方面提供了重要的建议。

最后，但同样重要的是，我想感谢我的妻子 Ginny，我们的孩子 Marsha 和 Michael，我的父母 Barney 和 Hannah Davis。感谢他们给予我的爱和支持。

作者介绍

Alan M. Davis 是一名计算机科学家（伊利诺伊大学厄巴纳-香槟分校计算机科学博士），他的职业生涯大约有一半在工业界，一半在学术界。

他在工业界的经历包括：

- Offtoa 公司的联合创始人兼首席执行官，这是一家帮助企业家制定商业战略的互联网公司（2012年至今）。
- Omni-Vista 公司的联合创始人、董事长兼首席执行官，这是一家位于科罗拉多斯普林斯的软件公司（1998—2002）。
- Requisite 公司的董事会创始成员，被 Rational Software 收购，后来被 IBM 收购（1995—1997）。
- BTG 公司副总裁，该公司位于弗吉尼亚州，于 1995 年上市，被 Titan 收购，随后被 L-3 Communications 收购（1984—1991）。

- 亚利桑那州凤凰城 GTE 通信系统的研发总监（1983—1984）。
- 马萨诸塞州沃尔瑟姆 GTE 实验室的软件工程师、项目经理、部门经理和软件技术总监（1977—1983）。
- 位于科罗拉多斯普林斯的天使俱乐部 High Altitude Investors（HAI）的选举委员会成员（2008—2015）。
- 催化剂信息技术发展基金（Catalyst InfoTech Development Fund）的非管理普通合伙人和有限合伙人。催化剂信息技术发展基金是科罗拉多州的一个小型风险投资基金（1995—2002）。

他在学术界的经历包括：

- 位于丹佛的科罗拉多大学行政 MBA 创业教授，前任学术主席（2006—2018）。
- 科罗拉多大学斯普林斯分校的商业策略与企业家精神专业的教授，前 El Pomar 软件工程教授（1991—2015）。
- 曾在澳大利亚、印度尼西亚、尼日利亚、南非和西班牙等国家担任教职。

Davis 博士在 1994 年至 1998 年担任《IEEE 软件》的主编；他在期刊、会议和贸易出版社发表了 100 多篇文章；他在全球 28 个国家或地区演讲 2000 余次，并撰写了 9 本图书；他自 1994 年起成为 IEEE 会士；他曾多次访问中国，其中包括领导 EMBA 学生小组三度赴上海、北京出访。

可以在Davis博士的个人主页上了解更多关于他的信息。[1]

1　Davis 博士的个人主页的网址请扫封底二维码获得。

目录

第 1 章　引言 3

第 2 章　一般原则 7

 原则 1　质量第一 8
 原则 2　质量在每个人眼中都不同 9
 原则 3　开发效率和质量密不可分 10
 原则 4　高质量软件是可以实现的 11
 原则 5　不要试图通过改进软件实现高质量 12
 原则 6　低可靠性比低效率更糟糕 13
 原则 7　尽早把产品交给客户 14
 原则 8　与客户/用户沟通 15
 原则 9　促使开发者与客户的目标一致 16
 原则 10　做好抛弃的准备 17
 原则 11　开发正确的原型 18
 原则 12　构建合适功能的原型 19

原则 13	要快速地开发一次性原型	20
原则 14	渐进地扩展系统	21
原则 15	看到越多，需要越多	22
原则 16	开发过程中的变化是不可避免的	23
原则 17	只要可能，购买而非开发	24
原则 18	让软件只需简短的用户手册	25
原则 19	每个复杂问题都有一个解决方案	26
原则 20	记录你的假设	27
原则 21	不同的阶段，使用不同的语言	28
原则 22	技术优先于工具	29
原则 23	使用工具，但要务实	30
原则 24	把工具交给优秀的工程师	31
原则 25	CASE 工具是昂贵的	32
原则 26	"知道何时"和"知道如何"同样重要	33
原则 27	实现目标就停止	34
原则 28	了解形式化方法	35
原则 29	和组织荣辱与共	36
原则 30	跟风要小心	37
原则 31	不要忽视技术	38
原则 32	使用文档标准	39
原则 33	文档要有术语表	40
原则 34	软件文档都要有索引	41
原则 35	对相同的概念用相同的名字	42
原则 36	研究再转化，不可行	43
原则 37	要承担责任	44

第 3 章　需求工程原则 ... 47

　　原则 38　低质量的需求分析，导致低质量的成本估算 ... 48
　　原则 39　先确定问题，再写需求 ... 49
　　原则 40　立即确定需求 ... 50
　　原则 41　立即修复需求规格说明中的错误 ... 51
　　原则 42　原型可降低选择用户界面的风险 ... 52
　　原则 43　记录需求为什么被引入 ... 53
　　原则 44　确定子集 ... 54
　　原则 45　评审需求 ... 55
　　原则 46　避免在需求分析时进行系统设计 ... 56
　　原则 47　使用正确的方法 ... 57
　　原则 48　使用多角度的需求视图 ... 58
　　原则 49　合理地组织需求 ... 59
　　原则 50　给需求排列优先级 ... 60
　　原则 51　书写要简洁 ... 61
　　原则 52　给每个需求单独编号 ... 62
　　原则 53　减少需求中的歧义 ... 63
　　原则 54　对自然语言辅助增强，而非替换 ... 64
　　原则 55　在更形式化的模型前，先写自然语言 ... 65
　　原则 56　保持需求规格说明的可读性 ... 66
　　原则 57　明确规定可靠性 ... 67
　　原则 58　应明确环境超出预期时的系统行为 ... 68
　　原则 59　自毁的待定项 ... 69
　　原则 60　将需求保存到数据库 ... 70

第 4 章　设计原则 73

原则 61　从需求到设计的转换并不容易 74
原则 62　将设计追溯至需求 75
原则 63　评估备选方案 76
原则 64　没有文档的设计不是设计 77
原则 65　封装 78
原则 66　不要重复造轮子 79
原则 67　保持简单 80
原则 68　避免大量的特殊案例 81
原则 69　缩小智力距离 82
原则 70　将设计置于知识控制之下 83
原则 71　保持概念一致 84
原则 72　概念性错误比语法错误更严重 85
原则 73　使用耦合和内聚 86
原则 74　为变化而设计 87
原则 75　为维护而设计 88
原则 76　为防备出现错误而设计 89
原则 77　在软件中植入通用性 90
原则 78　在软件中植入灵活性 91
原则 79　使用高效的算法 92
原则 80　模块规格说明只提供用户需要的所有信息 ... 93
原则 81　设计是多维的 94
原则 82　优秀的设计出自优秀的设计师 95
原则 83　理解你的应用场景 96
原则 84　无须太多投资，即可实现复用 97

原则 85	"错进错出"是不正确的	98
原则 86	软件可靠性可以通过冗余来实现	99

第 5 章　编码原则 101

原则 87	避免使用特殊技巧	102
原则 88	避免使用全局变量	103
原则 89	编写可自上而下阅读的程序	104
原则 90	避免副作用	105
原则 91	使用有意义的命名	106
原则 92	程序首先是写给人看的	107
原则 93	使用最优的数据结构	108
原则 94	先确保正确，再提升性能	109
原则 95	在写完代码之前写注释	110
原则 96	先写文档后写代码	111
原则 97	手动运行每个组件	112
原则 98	代码审查	113
原则 99	你可以使用非结构化的语言	114
原则 100	结构化的代码未必是好的代码	115
原则 101	不要嵌套太深	116
原则 102	使用合适的语言	117
原则 103	编程语言不是借口	118
原则 104	编程语言的知识没那么重要	119
原则 105	格式化你的代码	120
原则 106	不要太早编码	121

第 6 章 测试原则 123

原则 107　依据需求跟踪测试 124
原则 108　在测试之前早做测试计划 125
原则 109　不要测试自己开发的软件 126
原则 110　不要为自己的软件做测试计划 127
原则 111　测试只能揭示缺陷的存在 128
原则 112　虽然大量的错误可证明软件毫无价值，
　　　　　但是零错误并不能说明软件的价值 129
原则 113　成功的测试应发现错误 130
原则 114　半数的错误出现在 15% 的模块中 131
原则 115　使用黑盒测试和白盒测试 132
原则 116　测试用例应包含期望的结果 133
原则 117　测试不止确的输入 134
原则 118　压力测试必不可少 135
原则 119　大爆炸理论不适用 136
原则 120　使用 McCabe 复杂度指标 137
原则 121　使用有效的测试完成度标准 138
原则 122　达成有效的测试覆盖 139
原则 123　不要在单元测试之前集成 140
原则 124　测量你的软件 141
原则 125　分析错误的原因 142
原则 126　对"错"不对人 143

第 7 章 管理原则 145

原则 127　好的管理比好的技术更重要 146

原则 128	使用恰当的方法	147
原则 129	不要相信你读到的一切	148
原则 130	理解客户的优先级	149
原则 131	人是成功的关键	150
原则 132	几个好手要强过很多生手	151
原则 133	倾听你的员工	152
原则 134	信任你的员工	153
原则 135	期望优秀	154
原则 136	沟通技巧是必要的	155
原则 137	端茶送水	156
原则 138	人们的动机是不同的	157
原则 139	让办公室保持安静	158
原则 140	人和时间是不可互换的	159
原则 141	软件工程师之间存在巨大的差异	160
原则 142	你可以优化任何你想要优化的	161
原则 143	隐蔽地收集数据	162
原则 144	每行代码的成本是没用的	163
原则 145	衡量开发效率没有完美的方法	164
原则 146	剪裁成本估算方法	165
原则 147	不要设定不切实际的截止时间	166
原则 148	避免不可能	167
原则 149	评估之前先要了解	168
原则 150	收集生产力数据	169
原则 151	不要忘记团队效率	170
原则 152	LOC/PM 与语言无关	171
原则 153	相信排期	172

原则 154　精确的成本估算并不是万无一失的 173

原则 155　定期重新评估排期 174

原则 156　轻微的低估不总是坏事 175

原则 157　分配合适的资源 176

原则 158　制订详细的项目计划 177

原则 159　及时更新你的计划 178

原则 160　避免驻波 179

原则 161　知晓十大风险 180

原则 162　预先了解风险 181

原则 163　使用适当的流程模型 182

原则 164　方法无法挽救你 183

原则 165　没有奇迹般提升效率的秘密 184

原则 166　了解进度的含义 185

原则 167　按差异管理 186

原则 168　不要过度使用你的硬件 187

原则 169　对硬件的演化要乐观 188

原则 170　对软件的进化要悲观 189

原则 171　认为灾难是不可能的想法往往导致灾难 190

原则 172　做项目总结 191

第 8 章　产品保证原则 193

原则 173　产品保证并不是奢侈品 194

原则 174　尽早建立软件配置管理过程 195

原则 175　使软件配置管理适应软件过程 196

原则 176　组织 SCM 独立于项目管理 197

原则 177　轮换人员到产品保证组织 198

原则 178　给所有中间产品一个名称和版本......199
原则 179　控制基准......200
原则 180　保存所有内容......201
原则 181　跟踪每一个变更......202
原则 182　不要绕过变更控制......203
原则 183　对变更请求进行分级和排期......204
原则 184　在大型开发项目中使用确认和验证（V&V）....205

第9章　演变原则......207

原则 185　软件会持续变化......208
原则 186　软件的熵增加......209
原则 187　如果没有坏，就不要修理它......210
原则 188　解决问题，而不是症状......211
原则 189　先变更需求......212
原则 190　发布之前的错误也会在发布之后出现......213
原则 191　一个程序越老，维护起来越困难......214
原则 192　语言影响可维护性......215
原则 193　有时重新开始会更好......216
原则 194　首先翻新最差的......217
原则 195　维护阶段比开发阶段产生的错误更多......218
原则 196　每次变更后都要进行回归测试......219
原则 197　"变更很容易"的想法，会使变更更容易出错......220
原则 198　对非结构化代码进行结构化改造，并不一定会使它更好......221
原则 199　在优化前先进行性能分析......222

原则 200　保持熟悉 223

原则 201　系统的存在促进了演变..................................224

参考资料索引 225

术语索引 235

致每一位追求卓越的软件工程师

第 1 章 引言

INTRODUCTION

本书包含一系列软件工程的原则。这些原则代表了我们所认为的软件开发过程中的最先进、最正确的理念。其他工程领域有基于物理学、生物学、化学或数学定律的原则,然而,由于软件工程的产物是非实体的(nonphysical),所以实体的定律(laws of the physical)并不能轻易地成为软件工程领域坚实的基础。

软件行业已经有大量讨论技术、语言和工具的图书,但很少有图书试图去编制基本原则的清单。如图 1-1 所示,原则(Principle)是工作的准则;原则代表了许多人从经验中总结出来的集体智慧。它们往往被描述为绝对真理(总是正确的)或用作推论(当 X 发生时,Y 将会发生)。

技术(Technique)是一种按部就班的流程,它帮助软件开发者执行一部分软件工程过程。技术倾向于强制遵循基本原则的一个子集。大部分技术会创建文档和(或)程序。许多技术也会分析现有的文档和(或)程序,或将其转变为产品。

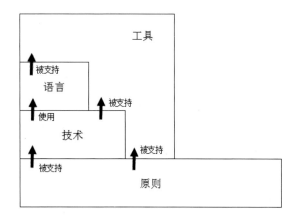

(1) 原则在技术和工具的支持下落地。
(2) 技术使用语言，并得到工具的支持。
(3) 语言得到工具的支持。

图 1-1 原则、技术、语言、工具

语言（Language）由一组基本元素（如单词或图形符号）、规则和语义组成。规则可以让人们用基本元素构造出更复杂的实体（如句子、图表、模型），语义则赋予每个实体组合以意义。语言用于表达所有软件工程的产出，无论是过程中的还是最终的。那些通过技术创建或分析的文档和程序通常也会用某种语言来表达。

工具（Tool）是软件程序，可帮助软件工程师执行软件工程中的某些步骤。它们可以：

- 作为工程师的顾问（例如，基于知识的需求助理）。
- 分析某些内容是否符合某种技术（例如，数据流图检查器）或原则的子集。

- 使软件工程中的一些工作实现自动化（例如，编译器）。
- 辅助工程师完成一些工作（例如，编辑器）。

一个学科的原则集合，会随着学科的发展而发展。现存的原则会发生改变，新的原则会被加进来，旧的原则将不再适用。实践和从实践中获得的经验，促使我们发展了那些原则。如今，当我们去审视一些 1964 年的软件工程原则时，会觉得它们看起来很傻（例如，总是使用简短的变量名，或者尽可能让程序体积更小）。三十年后，如今的一些原则也会如此。

现在，请看现代的软件工程原则。

译者注

虽然作者说，如今的原则在三十年后会看起来同样荒谬。但是非常令人吃惊的是，在英文原书出版 25 年后，我们看到其中有超过 95%的原则都没有过时！

第 2 章　一般原则

GENERAL PRINCIPLES

原则 1 质量第一
QUALITY IS #1

无论如何定义质量，客户都不会容忍低质量的产品。质量必须被量化，并建立可落地实施的机制，以促进和激励质量目标的达成。即使质量没达到要求，也要按时交付产品，这似乎是政治正确的行为，但这是短视的。从中长期来看，这样做是自杀。质量必须被放在首位，没有可商量的余地。Edward Yourdon 建议，当你被要求加快测试、忽视剩余的少量 bug、在设计或需求达成一致前就开始编码时，要直接说"不"。

Yourdon, E., *Decline and Fall of the American Programmer*, Englewood Cliffs, N.J.: Prentice Hall, 1992 (Chapter 8).

原则 2　质量在每个人眼中都不同

QUALITY IS IN THE EYES OF THE BEHOLDER

软件质量没有唯一的定义。对开发者来说，质量可能是优雅的设计或优雅的代码。对在紧张环境中工作的客户来说，质量可能是响应时间或高吞吐量。对成本敏感的项目来说，质量可能是低开发成本。对一些客户来说，质量可能是满足他们所有已知和未知的需求。这里的难题是，以上要求可能无法完全兼顾。当优化某人关注的质量时，可能会影响其他人关注的质量（这就是温伯格的"政治困境"原则）。项目必须确定各因素的优先级，并清晰地传达给所有相关方。

Weinberg, G., *Quality Software Management*, Vol. 1: Systems Thinking, New York: Dorset House, 1992, Section 1.2.

原则3 开发效率和质量密不可分
PRODUCTIVITY AND QUALITY ARE INSEPARABLE

开发效率与质量之间存在明显的关系（开发效率可以用人月完成的代码行数或功能点数来度量）。对质量要求越高，开发效率就越低。对质量要求越低，开发效率就越高。越是强调提高开发效率，最终的质量就越低。贝尔实验室发现，在要求每千行代码有 1～2 个 bug 时，人月的效率通常为 150～300 行代码 [参见 Fleckenstein, W., "Challenges in Software Development", *IEEE Computer*, 16, 3 (March 1983), pp. 60-64]。当试图提高开发效率时，bug 的密度就会增加。

Lehman, M., "Programming Productivity—A life Cycle Concept," *COMPCON* 81, Washington, D.C.: IEEE Computer Society Press, 1981, Session 1.1.

原则 4　高质量软件是可以实现的

HIGH-QUALITY SOFTWARE IS POSSIBLE

尽管我们的行业中有一些表现不佳、包含 bug，或者根本无法满足客户需求的软件系统的例子，但仍然有一些成功的例子。大型软件系统可以以非常高的质量构建，但价格昂贵：每行代码高达 1000 美元。例如，IBM 为美国宇航局的航天飞机开发的机载飞行软件，总共约 300 万行代码，源于严谨的软件开发过程，产品发布后每万行代码中发现的错误少于一个。

作为软件开发人员，应该学习和了解已被验证、可以极大提高软件质量的方法。这些方法包括：让客户参与（见原则 8）、原型设计（在全面开发之前验证需求；见原则 11~13）、保持设计简单（见原则 67）、审查代码（见原则 98）和雇用最优秀的人（见原则 130 和 131）。作为客户，在追求卓越的同时，要意识到随之而来的高额成本。

Joyce, E., "Is Error-Free Software Achievable?" *Datamation* (February 15, 1989).

原则 5　不要试图通过改进软件实现高质量
DON'T TRY TO RETROFIT QUALITY

质量无法通过软件的改进来获得。这适用于质量的任何定义：可维护性、可靠性、适应性、可测试性、安全性等。即使我们在开发过程中十分努力，使软件具备高质量也是十分不易的。如果我们不努力，又怎么可能期望获得高质量呢？这就是绝不能将"一次性原型"转换成产品的主要原因（见原则 11）。

Floyd C., "A Systematic Look at Prototyping," in *Approaches to Prototyping*, R. Budde, et al., Berlin, Germany: Springer Verlag, 1983, pp. 1-18, Session 3.1.

原则 6　低可靠性比低效率更糟糕
POOR RELIABILITY IS WORSE THAN POOR EFFICIENCY

如果软件执行效率不高，通常可以分离出消耗大部分执行时间的程序单元，重新设计或编码以提高效率（见原则 194）。低可靠性问题不仅难以发现，而且难以修复。系统的低可靠性问题可能会在系统上线多年后才暴露出来——甚至可造成人员伤害。一旦低可靠性问题显现，通常难以隔离其影响。

Sommerville, I., *Software Eginnering*, Reading, Mass.: Addision Wesley, 1992, Session 20.0.

原则 7 尽早把产品交给客户
GIVE PRODUCTS TO CUSTOMERS EARLY

在需求阶段，无论你多么努力地试图去了解客户的需求，都不如给他们一个产品，让他们使用它，这是确定他们真实需求的最有效方法。如果遵循传统的瀑布式开发模型，那么在 99% 的开发资源已经耗尽之后，才会第一次向客户交付产品。如此一来，大部分的客户需求反馈将发生在资源耗尽之后。

和以上方法相反，可在开发过程的早期构建一个快速而粗糙的原型。将这个原型交付给客户，收集反馈，然后编写需求规格说明并进行正规的开发。使用这种方法，当客户体验到产品的第一个版本时，只消耗了 5%~20% 的开发资源。如果原型包含合适的功能，就可以更好地理解和把握最有风险的客户需求，最终产品也就更有可能让客户满意。这有助于确保将剩余的资源用于开发正确的系统。

Gomaa, H., and D. Scott, "Prototyping as a Tool in the Specification of User Requirements," *Fifth International Conference on Software Engineering*, Washington, D.C.: IEEE Computer Society Press, 1981, pp. 333-342.

原则 8　与客户/用户沟通
COMMUNICATE WITH CUSTOMERS/USERS

永远不要忽视开发软件的原因：满足真正的需求，解决真正的问题。解决真正需求的唯一方法，是去跟有真正需求的人沟通。客户或用户是你的项目的最重要参与者。

如果你是一个商业开发人员，那么应经常和客户交谈，让他们参与进来。当然，闭门造车式的开发更容易，但是客户会喜欢这样的结果吗？如果你是软件外包的生产商，在开发过程中很难找到"客户"，那就进行角色扮演。在你的组织中指定 3~4 人作为潜在的客户，征求他们的意见：如何能让他们持续成为客户，并使他们满意。如果你是政府项目的承包商，要经常与签约官员、技术代表以及（如果可能的话）产品的客户交谈。政府里的人和事经常会发生变化，跟上变化的唯一方法就是沟通。忽视上述变化可能在短期内会让生活看起来更容易，但最终的系统将无法使用。

Farbman, D., "Myths That Miss," *Datamation* (November 1980), pp. 109-112.

原则 9　促使开发者与客户的目标一致
ALIGN INCENTIVES FOR DEVELOPER AND CUSTOMER

项目经常会因为客户和开发人员的目标不同（或不兼容）而失败。一个简单的案例是，客户希望在特定日期前获得特性 1、2、3，而开发人员希望最大化营收或利润。为了最大化营收，开发人员可能会尝试完整地开发这三个特性，即使会导致项目延期。与此同时，客户可能宁愿放弃其中一个特性的一部分功能，只要能按时交付其他特性。

为使双方的目标达成一致，有如下方法：

(1) 按优先级对需求排序（见原则 50），以便开发人员了解它们的相对重要性。
(2) 根据需求的优先级奖励开发人员（例如，所有高优先级的需求必须完成；每完成一个中优先级的需求，开发人员可获得一些额外的小奖励；每完成一个低优先级的需求，可获得的奖励非常小）。
(3) 对逾期交付实行严厉的处罚。

原则 10　做好抛弃的准备

PLAN TO THROW ONE AWAY

对一个项目来说，最关键的成功因素之一，是它所涉及的领域是否是全新的。在全新领域（可能涉及应用程序、体系结构、接口、算法等）研发的程序很少能第一次就成功。弗雷德·布鲁克斯（Fred Brooks）在《人月神话》中明确建议："无论如何，你一定要做好抛弃的准备。"这个建议最初由温斯顿·罗伊斯（Winston Royce）在 1970 年提出，他说一个人应该做好准备——第一个被完整部署的系统，往往是第二个被创建的系统。第一个系统至少可用于验证关键的设计问题和操作概念。此外，罗伊斯建议，应该使用大约 25% 的资源开发这样的预发布版本。

作为一个全新定制产品的开发人员，在开始全面开发之前，要规划开发一系列"一次性原型"（见原则 11、12 和 13）。作为商用大规模系统的开发人员，可以预期第一个版本的产品在一定年限内将能够被修改，之后它将被完全替换（见原则 185、186、188 和 201）。作为产品的维护者，请注意，在程序变得不稳定以至于必须被替换之前，你对程序可以调整的地方还有很多（请参阅相关原则 186、191、195 和 197）。

Royce, W., "Managing the Development of Large Software System," WESCON' 70, 1970; reprinted in *9th International Conference on Software Engineering*, Washington D.C.: IEEE Conputer Society Press, 1987, pp. 328-338.

原则 11　开发正确的原型
BUILD THE RIGHT KIND OF PROTOTYPE

有两种原型：一次性（throwaway）原型和演进式（evolutionary）原型。一次性原型用快速而粗糙的方式构建，交给客户用以获得反馈，在得到期待的信息后即被废弃。获得的信息被整理进需求规格说明，用于正规的产品开发。演进式原型用高质量的方式构建，交给客户用以获得反馈，获得期待的信息便开始进行修改，以更加贴近客户的需求。重复此过程，直到产品收敛到所期望的样子。

一次性原型应该在关键需求特性没有被很好理解时使用。演进式原型应该在关键特性已被充分理解，但很多其他需求特性没被充分理解时使用。如果对大多数功能都不了解，则应首先构建一个一次性原型，然后从零开始构建一个演进式原型。

Davis, A., "Operational Prototyping: A New Development Approach," *IEEE Software*, 9, 5 (September 1992), PP. 70-78.

原则 12　构建合适功能的原型
BUILD THE RIGHT FEATURES INTO A PROTOTYPE

当建立一次性原型时，只需要开发那些没有被充分理解的特性。如果你开发已充分理解的特性，最终除了浪费资源，将一无所获。当建立演进式原型时（见原则 13），要优先开发那些已经被充分理解的特性。（注意，它们可能已经被充分理解，因为之前已使用一次性原型进行过验证。）你的希望是，通过体验这些特性，用户能更好地确定其他需求。如果基于模糊的需求（高质量地）开发了一个演进式原型，一旦需求搞错了，你将不得不抛弃这个"高质量"的软件，从而浪费了资源。

Davis, A., "Operational Prototyping: A New Development Approach," *IEEE Software*, 9, 5 (September 1992), PP. 70-78.

原则 13　要快速地开发一次性原型
BUILD THROWAWAY PROTOTYPES QUICKLY

如果你已经决定开发一次性原型，那么就要用最快的方式。不用担心质量。可使用"一页纸"的需求规格说明。不用担心设计或编码中的文档。可以使用任何工具。可以使用任何编程语言，只要能够方便程序的快速开发。不用担心编程语言的可维护性。

Andriole, S., *Rapid Application Prototyping*, Wellesley, Mass.: QED, 1992.

原则 14　渐进地扩展系统
GROW SYSTEMS INCREMENTALLY

渐进地扩展系统，是降低软件开发风险的最有效方法之一。从一个小的可用系统开始，只实现少数功能。然后逐步扩展，覆盖越来越多的最终功能子集。

这样做的好处是：(1) 降低每次开发的风险；(2) 看到一个产品版本，通常可以帮助用户想象出他们想要的其他功能。

这样做的缺点是：如果过早地选择了一个不合适的系统架构，则可能需要全部进行重新设计才能适应后续的变更。在开始增量开发之前，开发一次性原型（见原则 11、12 和 13），可以降低这种风险。

Mills, H., "Top-Down Programming in Large Systems," in *Debugging Techniques in Large Systems*, R. Ruskin, ed., Englewood Cliffs, N.J.: Prentice Hall, 1971.

原则 15　看到越多，需要越多
THE MORE SEEN, THE MORE NEEDED

在软件行业，一次次见证了：提供给用户的功能（或性能）越多，用户想要的功能（或性能）就越多。当然，这与原则 7（尽早把产品交给客户）、原则 14（渐进地扩展系统）、原则 185（软件会持续变化）以及原则 201（系统的存在促进了演变）互相支持。但更重要的是，你必须为不可避免的情况做好准备。在管理和工程处理流程的每个方面都应该做好准备，一旦用户看到产品，他们就会想要更多的东西。

这意味着，所产生的每个文档都应该以有利于更改的方式进行存储和组织。这意味着，配置管理流程（见原则 174）必须在距离交付很长时间之前就就位。这也意味着，在软件部署后不久，你就应该准备好，以应对用户口头或书面请求的冲击。这还意味着，你选择的设计方案应使容量、输入速率和功能都很容易变更。

Curtis, B., H. Krasner, and N. Iscoe, "A Field Study of the Software Design Process for Large Systems," *Communications of the ACM*, 31, 11 (November 1988), pp. 1268-1287.

原则 16　开发过程中的变化是不可避免的

CHANGE DURING DEVELOPMENT IS INEVITABLE

爱德华·伯索夫（Edward Bersoff）等人将系统工程的第一定律定义为：无论你处在系统（开发）生命周期中的何处，系统都将发生变化，并且对其进行改变的愿望将在整个生命周期中持续存在。与原则 185 和 201（强调软件部署后，需求可能发生巨大变化）不同，本原则想表达，在开发过程中，软件也可能发生巨大变化。这些变化可能体现在编写新的代码、新的测试计划或新的需求规格说明上。这些变化可能意味着，要去修复某个被发现是不正确的中间产品。或者它们可能反映了完善或改进产品的自然过程。

为变化做好准备，要确保：软件开发涉及的所有产品之间的相互引用都是适当的（见原则 43、62 和 107）；变更管理流程已就位（见原则 174、178～183）；预算和开发时间有足够的余地，不会为了满足预算和开发时间而忽略必要的变更（见原则 147、148 和 160）。

Bersoff, E., V. Henderson, and S. Siegel, *Software Configuration Management*, Englewood Cliffs, N.J.: Prentice Hall, 1980, Section 2.2.

原则17 只要可能,购买而非开发

IF POSSIBLE, BUY INSTEAD OF BUILD

要降低不断上涨的软件开发成本和风险,最有效的方法就是,购买现成的软件,而不是自己从头开发。确实,现成的软件也许只能解决 75% 的问题。但考虑一下从头开发的选择吧:支付至少 10 倍于购买软件的费用,且要冒着超出预算 100% 且延期的风险(如果最后能够完成!),并且最终发现,它只能满足 75% 的预期。

对一个客户来说,新的软件开发项目似乎最初总是令人兴奋的。开发团队也是"乐观的",对"最终"解决方案充满了希望。但几乎很少有软件开发项目能够顺利运行。不断增加的成本通常会导致需求被缩减,最终研发出的软件可以满足的需求也许跟现成的软件差不多。作为一个开发者,应该复用尽可能多的软件。复用是"购买而非开发"原则在较小范围内的体现。可参考原则 84。

Brooks, F., "No Silver Bullet: Essence and Accidents of Software Engineering," *IEEE Computer*, 20, 4 (April 1987), pp. 10-19.

原则 18　让软件只需简短的用户手册
BUILD SOFTWARE SO THAT IT NEEDS A SHORT USERS' MANUAL

衡量软件系统质量的一种方法是查看其用户手册内容的多少。手册中的内容越少，软件质量越好。设计良好的软件，用法应该不言而喻。不幸的是，太多的软件设计师将自己塑造成人机界面设计专家。而大量的用户手册内容充分证明，大多数界面设计师并不像他们宣称的那样出色。(顺便说一句，当我说"用户手册"时，也包括在线帮助文档。因此，把用户手册发布到网上，软件并不会在一夜之间突然变得更好。)

应使用标准的界面。让行业专家设计浅显易懂的图标、命令、协议和用户场景。要记住：软件开发人员"喜欢"某种用户界面，并不意味着你的用户就会知道怎么使用它。许多软件开发人员喜欢带有内置技巧(可作为快捷方式)的用户界面。通常，用户需要简单、干净、清晰的用户界面，而不是那些技巧。

Hoare, C.A.R., "Programming: Sorcery or Science?" *IEEE Software*, 1, 2 (April 1984), pp. 14-15.

原则 19　每个复杂问题都有一个解决方案
EVERY COMPLEX PROBLEM HAS A SOLUTION

Wlad Turski 说,"每一个复杂的问题,都有一个简单的解决方案……但这是错误的!"无论任何人向你提出"只要遵循这 10 个简单步骤,软件质量问题就会消失",或是其他类似建议,都要保持高度怀疑。

Turski, W., oral comments made at a conference in the late 1970s.

原则 20 记录你的假设
RECORD YOUR ASSUMPTIONS

系统运行的环境在本质上是无限的，不可能被完全理解。当我们开发一个系统，宣称要解决某个环境中的一个问题时，我们会对该环境进行假设。Manny Lehman 提出："大约对于每 10 行代码，我们就会做出一个假设，即使偏差了两三倍，每 20~30 行代码也会做出一个假设"。这些关于无限世界的有限假设会使你陷入麻烦。Lehman 描述了一种表现不如预期的直线加速器。一位物理学家提出，也许月球的相位会产生影响，对此每个人都说："你一定是在开玩笑吧！"然而，在考虑了月球的因素后，得到的方程式解释了大多数看似"不正确"的行为。这是一个假设（没有月球效应）无效的例子。

对需求工程、设计、编码和测试期间所做的所有假设，始终保持觉察是不可能的。尽管如此，我还是建议，对你有意识做出的假设做个记录。即使这个假设是显而易见的或其他选项很荒谬，也要这样做。还要记录它们的影响，也就是说，在产品中，这些假设是如何体现的？在理想情况下，你应该可以通过封装每个假设来隔离这些影响（见原则 65）。

Lehman, M., "Software Engineering, the Software Process and Their Support," *Software Engineering Journal*, 6, 5 (September 1991), pp. 243-258, Section 3.6.

原则 21　不同的阶段，使用不同的语言

DIFFERENT LANGUAGES FOR DIFFERENT PHASES

业界对"用简单方法解决复杂问题"的永恒渴望（见原则 19），促使许多人宣称：最佳的软件开发方法，是在整个开发生命周期中使用相同的符号表达方法。既然在任何其他工程领域都并非如此，为什么在软件工程领域会是这样呢？在不同的设计活动中，电力工程师会使用不同的表达方法：方框图、电路图、逻辑图、时序图、状态转换表、柱状图等。这些表达方法为我们提供了在思维中可操纵的模型。使用越多的符号、越丰富多样的表达方法，我们就越能更好地对开发中的产品进行可视化。除非对所有阶段都是最优选择，否则为什么软件工程师想要将 Ada 用于需求、设计和代码？除非对所有阶段都是最优选择，否则为什么要在所有阶段都使用"面向对象"的方法？

对于需求工程，应该选择一组最优的技术和语言（见原则 47 和 48）。对于设计工作，应该选择一组最优的技术和语言（见原则 63 和 81）。对于编码，应该选择一种最适合的语言（见原则 102 和 103）。一方面，在不同阶段之间转换是困难的。使用同一种语言并没有帮助。另一方面，如果一种语言从某方面在两个阶段都是最优选择，就务必使用它。

Matsubara, T., "Bringing up Software Designers," *American Programmer*, 3, 7 (July-August 1990), pp. 15-18.

译者注

Ada，是一种程序设计语言。详情参见链接 1。本书中提及"链接 1""链接 2"等，可通过扫描封底二维码获取相关内容。

原则 22 技术优先于工具
TECHNIQUE BEFORE TOOLS

一个没规矩的木匠使用了强大的工具，会变成一个危险的没规矩的木匠。一个没规矩的软件工程师使用了工具，会变成一个危险的没规矩的软件工程师。在使用工具前，你应该先要"有规矩"（即理解并遵循适当的软件开发方法）。当然，你也要了解如何使用工具，但这和"有规矩"相比是第二位的。

我强烈建议，在投资于工具以对某项技术"自动化"之前，先手工验证这项技术，并说服自己和管理层：这项技术是可行的。在大多数情况下，如果一项技术在手工操作时不灵，那么在自动操作时也不灵。

Kemerer, C., "How the Learning Curve Affects Tool Adoption," *IEEE Software*, 9,3(May, 1992), pp. 23-28.

原则23　使用工具，但要务实
USE TOOLS, BUT BE REALISTIC

一些软件工具（如 CASE）会让用户的工作更加高效。务必要使用它们。就像文字处理软件对作家而言是必需的助手，CASE 工具对软件工程师来说也是重要的助手。它们各自将使用者的开发效率提高了 10% 到 20%；它们各自使用户修改和发展其产品的能力提高了 25% 到 50%。但是在这两种情况下，艰难的工作（思考）都不是由工具完成的。使用 CASE 工具，要切实考虑其对开发效率的影响。请注意，70% 的 CASE 工具在购买后从未被使用过。我认为，造成这种情况的主要原因是过度乐观和由此带来的失望，而不是工具的无效性。

Kemerer, C., "How the Learning Curve Affects Tool Adoption," *IEEE Software*, 9,3(May, 1992), pp. 23-28.

译者注

CASE，是"电脑辅助软件工程"（Computer-Aided Software Engineering）的缩写。详情参见链接2。

原则 24　把工具交给优秀的工程师
GIVE SOFTWARE TOOLS TO GOOD ENGINEERS

软件工程师使用工具（例如 CASE）会变得更多产，就像作家使用文字处理软件变得更多产一样（见原则 23）。然而，就像文字处理软件不能让一个平庸的小说家（能写小说，但卖不出去）变得出色，CASE 工具也不能让一个平庸的软件工程师（能写软件，但不可靠、不能满足用户需求等）变得出色。因此，我们想把 CASE 工具只提供给优秀的工程师，而不想把 CASE 工具提供给平庸的工程师：我们希望他们尽量少（而非多）地开发出质量低劣的软件。

原则25 CASE工具是昂贵的
CASE TOOLS ARE EXPENSIVE

在工作站或者高端个人电脑中配置一套CASE工具环境，花销在5000~15 000美元。CASE工具本身，每份花费在500到50 000美元。工具每年需要的授权和维护费用一般为售价的10%~15%。而且，还需要为每一位接受培训的员工支付两到三天的工资。因此，每套软件的预期总安装成本可能超过17 000美元（对于价格适中的CASE工具），而每套软件的常规性年度成本可能超过3000美元。

CASE工具对软件开发来说是必需的。它们应该被视为业务成本的一部分。在做投资回报分析时，不仅需要考虑购买工具的高额费用，还需要考虑没有购买工具带来的更高代价（更低的开发效率、更高的客户失望率、延迟的产品发布、增加的重复工作、更差的产品质量、增加的员工流动）。

Huff,C., "Elements of a Realistic CASE Tool Adoption Budget" *Communications of the ACM*, 35, 4 (April 1992), pp. 45-54.

译者注

目前大量的软件工具已经可以免费获得。即使是收费软件，一般来说，其购买费用相比于软件工程师的人工成本，也是很低的。对于一般的软件开发场景，这个原则可能已经不合时宜。但关于软件工具的成本和收益的分析思路，仍然是可以借鉴的。

原则 26 "知道何时"和"知道如何"同样重要
"KNOW-WHEN" IS AS IMPORTANT AS KNOW-HOW

在行业中经常发生这样的事情,一个工程师学习一项新技术后,判断这是"放之四海而皆准"的技术。同时,同组另一个人在学习另外一项新技术,一场情绪化的争辩随之而来。事实上,没有一方是正确的。知道如何很好地使用技术,既不会让技术本身成为好技术,也不会让你成为一名优秀的工程师。知道如何用好木工车床,并不能使你成为你一名好木匠。一名优秀的工程师了解很多不同种类的技术,并且知道每种技术何时适合项目或项目的一部分。一个好木匠知道多种工具的用法,知道很多不同的技巧,而且,最重要的是,知道什么时候该用哪一种。

在进行需求工程时,要了解哪种技术对问题的哪些方面最有用(见原则 47)。当进行设计时,要理解哪些技术对系统的哪些方面最有用(见原则 63)。当进行编码时,要选择最合适的编程语言(见原则 102)。

原则 27 实现目标就停止
STOP WHEN YOU ACHIEVE YOUR GOAL

软件工程师要遵循许多方法（也称为技术或流程）。每个方法都有各自的用途，通常对应软件开发的一个子目标。例如，结构化（或者面向对象）分析的目标是理解要解决的问题，DARTS 的目标是处理架构，结构化设计的目标是理清调用层次结构。这些例子中的方法都包含一系列的步骤。不要太过于陷入具体的方法，而忘记了目标本身。不要为更换目标而感到内疚。例如，如果只执行了方法的一半步骤，你就理解了问题，那就停下来。此外，你需要对整个软件过程有很好的认识，因为基于本原则所抛弃的某个方法的后续步骤可能会对未来软件的使用产生重要影响。

译者注

有资料显示，DARTS 是 Design Approach for Real-Time Systems（实时系统设计方法）的缩写，详情参见链接 3。

原则 28　了解形式化方法
KNOW FORMAL METHODS

没有过硬的离散数学技能，使用形式化方法是不容易的。但是，使用它们（即便是很简单的使用），可以极大地帮助我们发现软件开发中许多方面的问题。在每个项目中，至少应该有一个人能熟练使用形式化方法，以确保不会错过提升产品质量的机会。

很多人以为，使用形式化方法的唯一途径，就是完全使用它们来定义系统。其实并非如此。实际上，最有效的方法之一，是先用自然语言描述。然后再尝试用形式化方法去写其中某些部分。尝试用更形式化的方式书写，会帮助你发现在自然语言中存在的问题。修正自然语言表达中的问题，你会得到一个更好的文档。在完成之后，如果有需要，可以再把形式化的描述去掉。

Hall, A., "Seven Myths of Formal Methods," *IEEE Software*, 7, 5 (September 1990), pp. 11-19.

原则29 和组织荣辱与共
ALIGN REPUTATION WITH ORGANIZATION

业界普遍认为：日本软件工程师对待 bug 的态度，和美国工程师不同。尽管有许多影响因素，但有一个日本的观念与此密切相关：产品中的缺陷是公司的耻辱；软件工程师引起的公司耻辱，是工程师的耻辱。这种观念在日本比在美国更深入人心，因为日本劳动者倾向于一辈子只服务一家公司。不管在一家公司工作的时间是长还是短，这种心态是很重要的。

一般而言，当任何人发现你在产品中犯的错误时，你应该心存感激，而不是试图辩解。人非圣贤，孰能无过。过而能改，善莫大焉！当发现一个错误时，导致错误的人应该使其被周知，而不是藏着掖着。将错误广而告之有两个好处：（1）帮助其他工程师，避免同样的错误，（2）对后续的错误修正，也可以不那么抵触。

Mizuno, Y., "Software Quality Improvement", *IEEE Computer*, 16, 3 (March 1983), pp. 66-72.

原则 30　跟风要小心
FOLLOW THE LEMMINGS WITH CARE

> 即使有五千万人说傻话，那仍然是傻话。
>
> 安那托尔·佛朗士（Anatole France）

大家都做的事情，对你来说也不一定是正确的。也许它是正确的，但你也应该评估它对你所处环境的适用性。这样的例子包括：面向对象，软件度量（见原则 142、143、149、150 和 151），软件复用（见原则 84），过程成熟度（见原则 163），计算机辅助软件工程（CASE，见原则 22 至 25），原型设计（见原则 11、12、13、42）。在所有案例中，以上这些方法都提供了非常积极的帮助，体现在提高质量、降低成本、提高用户满意度等方面。然而，这些好处只在它们能发挥作用的组织中才会显现出来。尽管回报显著，但是它们的作用常常被过度宣传，其实它们并不是那么必然或通用。

当你学习"新"技术时，不要轻易接受与之相关的不可避免的炒作（见原则 129）。要仔细阅读，理性考虑它的收益和风险。在大规模应用之前要进行试验。但同时也绝对不要忽略"新"技术（见原则 31）。

Davis, A., "Software Lemmingineering," *IEEE Software*, 10, 6 (September 1993), pp. 79-81, 84.

原则 31　不要忽视技术
DON'T IGONRE TECHNOLOGY

　　软件工程技术日新月异。对几年内新的发展视而不见，是绝对不行的。软件工程的发展像波浪一样。每一波都会带来大量的"潮流元素"和流行语。尽管每一波只持续 5~7 年，但它们并不是简单地消失。其后每一波都是基于前一波的最好特征。(理想情况，"最好"应该指"最有效"，但遗憾的是，它往往指"最流行"。)

　　有两种方式可以让你紧跟技术潮流：阅读正确的杂志，和正确的人交谈。*IEEE Software* 期刊就是一个很好的渠道，可以了解未来 5 年内可能有用的技术。*PC Week*、*MacWorld* 等是学习硬件、常见商用工具和语言的好地方。要通过和人交谈来学习，就要找到正确的人。虽然和同事交流很必要，但还不够。每年都应该努力参加 1~2 个关键会议。和参会者的交流，很可能比会议报告更重要。

原则 32 使用文档标准
USE DOCUMENTATION STANDARDS

如果你的项目、组织或客户要求遵循一套文档标准,那就要遵循它。无论如何,永远不要抱怨标准,认为这是不需要的。所有我熟悉的标准,无论是政府标准还是商业标准,都提供了组织和内容方面的指导。

创新!即遵循标准,同时理智地执行。无论标准怎么规定,把你知道的应有的内容都包含进去。这意味着用清晰的语言来编写,意味着添加额外的有意义的组织层级。如果你的文档没有被要求遵循某个标准,至少应使用检查清单来检查是否有重大的遗漏。IEEE 发布的文档标准,是我所知道的最广泛的可用软件文档标准之一。

IEEE Computer Society, *Software Engineering Standards Collection*, Washington, D,C.: IEEE Computer Society Press, 1993.

原则 33　文档要有术语表
EVERY DOCUMENT NEEDS A GLOSSARY

当阅读文档遇到不懂的术语时，我们都会感到沮丧。但当我们在术语表中查到说明时，沮丧的情绪顷刻就烟消云散了。

所有术语的定义都应该以这样的方式编写：定义中使用的任何单词，都应该尽量避免再去术语表中查找含义。一种技巧是首先用日常用语解释，然后再使用术语解释。在术语的说明文字中，在其他地方定义的术语要用特殊字体（如楷体）标识。示例如下。

数据流图：是图形化符号，用于展示系统的功能、数据库、和系统有关的环境之间的信息流动。通常用于：*结构分析*，*转换的组成*（气泡表示），*数据流*（箭头表示）和*数据存储*（两条平行线表示），以及*外部实体*（三角形表示）。

原则 34　软件文档都要有索引
EVERY SOFTWARE DOCUMENT NEEDS AN INDEX

　　这个原则对于所有的软件文档的*读者*来说都是不言自明的。令人惊讶的是，很多作者并没有意识到这一点（想想，每个作者有时也是读者）。*索引*通常是文档所使用的所有术语和概念的列表，包括一个或多个页码，用于标记术语或概念在哪里被定义、使用或引用。对于需求、设计、编码、测试、用户的和维护文档来说都是如此。索引可以帮助读者快速查找信息，对于文档后续的维护和优化也很重要。

　　现代文字处理软件提供将索引引用嵌入正文的指令，这使创建索引变得十分简单。文字处理软件还会对索引进行编译，然后按字母顺序排列，并将结果输出。大多数 CASE 工具也能生成可用的索引。

原则 35　对相同的概念用相同的名字
USE THE SAME NAME FOR THE SAME CONCEPT

写小说时，保持读者的兴趣是第一目标；而在技术文档中，必须使用相同的术语来表示相同的概念，使用相同的语句结构来表述相似的信息。否则会令读者感到困惑，导致读者需要花费时间确认，在重述中是否有新的技术信息。应该把这个原则应用到所有技术文档的写作中，包括需求规格说明、用户手册、设计文档、代码中的注释等。

举个例子：

有三类特殊命令。常规命令有四种类型。

不如写为：

有三类特殊命令。有四类常规命令。

Meyer, B., "On Formalism in Specifications," *IEEE Software*, 2, 1 (January 1985), pp. 6-26.

原则 36 研究再转化，不可行
RESEARCH-THEN-TRANSFER DOESN'T WORK

关于软件工程研究所中令人难以置信的技术成就，有大量报道。但它们很少能应用于软件开发实践，原因是：

1. 一般来说，软件研究者很少有开发实际系统的经验。
2. 软件研究者可能会发现，在解决一些技术问题的时候没有必要花费过多时间去"适配"真实场景，这样可使解决问题变得更快更容易。
3. 研究者和实践者在用语上存在巨大的分歧，导致他们很难相互沟通。

于是研究者更愿意在越来越多的无实际意义的问题上演示他们的想法。

要实现从研究所到开发机构的最成功的成果转化，从一开始双方就要紧密合作。需要使用工业界的环境作为萌发想法并验证效果的实验室，而不是在想法成形后再做技术转化。

Basili, V., and J. Musa, "The future Engineering of software: A Management Perspective", *IEEE Computer*, 24, 9(September 1991), pp.90-96.

原则37 要承担责任
TAKE RESPONSIBILITY

在所有工程学科中,如果一个设计失败,工程师会受到责备。因此,当一座大桥倒塌时,我们会问"工程师哪里做错了?"当一个软件失败了,工程师很少受到责备。如果他们被责备了,他们会回答,"肯定是编译器出错了",或"我只是按照指定方法的15个步骤做的",或"我的经理让我这么干的",或"计划剩余的时间不够"。事实是,在任何工程学科中,用最好的方法也可能产出糟糕的设计,用最过时的方法也可能做出精致的设计。

不要有任何借口。如果你是一个系统的开发者,把它做好是你的责任。要承担这个责任。要么做好,要么就压根不做。

Hoare, C.A.R., "Software Engineering: A keynote Address," *IEEE 3rd International Conference on Software Engineering*, 1978, pp. 1-4.

第3章 需求工程原则

　　需求工程包括以下活动:(1)提出或研究需要解决的问题;(2)具体说明一个能解决该问题的系统外部(黑盒)行为。需求工程的最终产出是需求规格说明(Requirement Specification)。

原则 38 低质量的需求分析，导致低质量的成本估算

POOR REQUIREMENTS YIELD POOR COST ESTIMATES

造成低质量成本估算的前 5 个原因，都与需求分析流程有关：

1. 频繁的需求变更
2. 不完整的需求列表
3. 不充足的用户沟通
4. 低质量的需求规格说明
5. 不充分的需求分析

可以使用原型，来降低需求不准确的风险。可以使用配置管理，来控制需求变更。应该为将来的发布，规划好新的需求。应该使用更正式的方法，进行需求分析和编写需求规格说明。

Lederer, A., and J. Prasad, "Nine Management Guidelines for Better Cost Estimating," *Communications of the ACM*, 35, 2(February 1992), pp. 51-59.

原则 39　先确定问题，再写需求
DETERMINE THE PROBLEM BEFORE WRITING REQUIREMENTS

当面对他们认定的问题时，大多数工程师都会匆忙提供解决方案。如果工程师对这个问题的看法是正确的，那么解决方案可能奏效。然而，问题往往是难以捉摸的。例如，唐纳德·高斯（Donald Gause）和杰拉尔德·温伯格（Gerald Weinberg）描述了高层办公楼中的一个"问题"，里面的住户抱怨电梯等待时间太长。这真的是一个问题吗？这是谁的问题？从居住者的角度来看，问题可能是浪费了他们太多时间。从房主的角度来看，问题可能是入住率（及租金）可能会下降。

显而易见的解决办法是提高电梯的速度。但其他解决方法可能包括（1）增加新电梯，（2）错峰安排上班时间，（3）给快递保留一些电梯，（4）提高租金（这样业主可以接受降低后的入住率），（5）改进电梯使用的"归位算法"（homing algorithm），以便在闲置时移动到高需求楼层。这些解决方案的成本、风险和时间延迟差别巨大。而任何一个方案生效，都取决于特定的场景。在试图解决问题前，针对面临问题的人及问题的本质，要确保深入分析了所有的可能选择。在解决问题时，不要被最初方案带来的潜在兴奋所蒙蔽。方案的变化总是比构建系统的成本低。

Gause, D., and G. Weinberg, *Are Your Lights On*? New York: Dorset House, 1990.

原则 40　立即确定需求

DETERMINE THE REQUIREMENTS NOW

需求难以理解，更难以说明。对此，错误的解决方法是草率地完成需求规格说明，匆忙地进行设计和编码，然后徒劳地希望：

1. 任何系统都比没有系统要好。
2. 需求迟早会解决。
3. 或者，设计师在开发的过程中会明确可以开发什么。

正确的解决方法是，*立刻*不计代价、尽可能多地获取需求信息。应使用原型的方法。要和更多的客户交谈。可以与客户一起工作一个月，以获得客户使用情况的第一手信息。要收集数据。要使用所有可能的手段。现在就把你所理解的需求记录下来，并规划构建一个满足这些需求的系统。如果你预期需求会发生很大变化，那也没关系。可以用增量的方式开发（见原则 14），但这并不是在任何一个增量开发上做不好需求规格说明的借口。

Boehm, B., "Verifying and Validating Software Requirements and Design Specifications," *IEEE Software*, 1, 1(January 1984), pp. 75-88.

原则 41　立即修复需求规格说明中的错误

FIX REQUIREMENTS SPECIFICATION ERRORS NOW

如果在需求规格说明中有错误,你将付出以下代价:

- 如果错误保持到系统设计阶段,定位和修复要多花 5 倍的代价。
- 如果保持到编码阶段,要多花 10 倍的代价。
- 如果保持到单元测试阶段,要多花 20 倍的代价。
- 如果保持到交付阶段,要多花 200 倍的代价。

这是"要在需求分析阶段修复错误"的最令人信服的证据。

Boehm, B., "Software Engineering," *IEEE Transactions on Computers*, 25, 12(December 1976), pp. 1226-1241.

原则 42　原型可降低选择用户界面的风险
PROTOTYPES REDUCE RISK IN SELECTING USER INTERFACES

在全面开发之前，以低风险、高回报的方式对用户界面达成一致，没有什么方法比原型更有效。有许多工具可以帮助快速创建屏幕演示。这些"故事板"可以给用户提供一个真实系统的印象。它们不仅有助于确认需求，还能赢得客户和用户的心。

Andriole, S., "Storyboard Prototyping for Requirements Verification," *Large Scale Systems*, 12(1987), pp. 231-247.

原则 43 记录需求为什么被引入

RECORD WHY REQUIREMENTS WERE INCLUDED

在创建需求规格说明时，要完成很多工作：访谈、辩论、讨论、架构调研、工作机制描述、问卷、JAD/RAD 环节、其他系统的需求规格说明、早期的系统层面的需求分析。需求规格说明描述了从以上这些工作获得的需求分析结果。假设客户后续要求做一个需求变更。我们需要知道原始需求的动机，以便确认是否可以安全地变更。同样，当系统无法满足某个需求时，我们需要知道需求的背景，才能决定是修改系统设计以满足需求，还是修改需求以匹配系统。

当做出需求决策时（例如，响应时间应该是两秒），记录一个指向其来源的标识。例如，如果决策是在与客户交谈时做出的，需要记录日期、时间及访谈的参与者。理想情况下，应明确所参考的文字、录音或录像记录。只有基于这样的档案记录，才能（1）随后扩展需求，或（2）在已完成的系统不能满足需求时做出响应。

Gilb, T., *Principles of Software Engineering Management*, Reading, Mass.: Addision Wesley, 1988, Section 9.11.

译者注

JAD，即"联合应用开发"（Joint Application Development）。

RAD，即"快速应用开发"（Rapid Application Development）。

原则44 确定子集
IDENTIFY SUBSETS

在编写需求规格说明时，要清晰识别有用的需求的最小子集。同时，还要识别使最小子集越来越实用的最小增量。这种识别为软件设计者提供了洞察最佳软件设计的视角。例如，它将使设计师能够：

1. 更容易地使每个组件只包含一个功能。
2. 选择更具内聚性和可扩展性的架构。
3. 了解如何在日程或预算紧缩的情况下减少功能。

记录子集的一种非常有效的技巧，是在软件需求规格说明中的每个需求旁边加上几列。每列对应不同的版本。这些版本可以代表一个产品的多种功效，每种功效对应一个不同的客户或场景，它们也可以代表产品随时间日益提高的层级。在上述两种情况下，在适当的列中放置一个"X"，以指示哪些版本将具有哪些功能。

Parnas, D., "Designing Software for Ease of Extension and Contraction," *IEEE Transactions on Software Engineering*, 5, 2(March 1979), pp. 128-138.

原则 45 评审需求
REVIEW THE REQUIREMENTS

许多相关方都对产品的成功有影响：用户、客户、市场营销人员、开发人员、测试人员、质量保证人员等。所有这些人也对需求规格说明的正确性和完整性有影响。在进行设计或编码之前，应该对需求规格说明进行正式的评审。

由于需求规格说明是用自然语言编写的，因此对其进行评审没有简单的方法；然而，Barry Boehm 给出的指导可以使评审变得容易一些。当然，如果需求规格说明的某些部分是用更正式的语言编写的（见原则 28、54 和 55），则可以对这些部分进行手工评审（因为它们没有歧义），并在某些情况下"执行"。可执行的需求[如 Pamela Zave 的 PAISLey（"An Insider's Evaluation of PAISLey," *IEEE Transactions on Software Engineering*, 17, 3 (March 1991), pp. 212-225)]可以用适当的工具进行演示，相关人员可以"看到"系统功能，而不只通过"阅读"了解系统如何运行。

Boehm, B., "Verifying and Validating Software Requirements and Design Specifications," *IEEE Software*, 1, 1 (January 1984), pp. 75-88.

原则46 避免在需求分析时进行系统设计
AVOID DESIGN IN REQUIREMENTS

需求阶段的目标是明确系统的外部行为。这些外部行为需要足够明确,以保证当使用需求规格说明作为指引时,所有设计人员都能对系统的目标行为做出同样的理解。但在需求阶段不应该去明确软件架构或者算法,因为这是设计人员的工作范畴。后续设计人员会选择能够最好地满足需求的架构和算法。

如果撰写需求的人发现,很难在没有系统设计(例如,通过有限状态机描述系统行为)的情况下、毫无歧义地定义外部行为,应该留下这样的信息:

> **警告:** 这里包含的设计,仅用于辅助理解产品的外部行为。在系统外部行为相同的情况下,设计人员可以选择任何设计方案。

Davis, A., *Software Requirements: Objects, Functions and States*, Englewood Cliffs, N.J.: Prentice Hall, 1993, Section 3.1.

原则 47　使用正确的方法
USE THE RIGHT TECHNIQUES

没有任何一种需求分析方法适用于所有软件。复杂软件的需求，需要使用多种方法才能被充分理解，要使用对于你的软件来说最合适的一种或一组方法。

例如，对于数据密集型的软件，应使用实体关系图（Entity-Relation Diagram）；对于反应式（实时）系统，应使用有限状态机或者状态图；对于有同步难题的软件，应使用 Petri 网；对于决策密集型的软件，应使用决策表；诸如此类。

Davis, A., "A Comparison of Techniques for the Specification of External System Behavior," *Communications of the ACM*, 31, 9 (September 1988), pp. 1098-1115.

原则 48 使用多角度的需求视图
USE MULTIPLE VIEWS OF REQUIREMENTS

任何单一的需求视角，都不足以理解或描述一个复杂系统的预期外部行为。比起使用结构化分析、面向对象分析或状态图，应选择并使用一个有效的组合。

例如，对于一个复杂的系统，你可能需要使用面向对象分析来评估那些与软件相关的重要实体。面向对象分析（OOA）可以帮助确定实体，并且理解它们之间的关系和相关属性。你可能需要使用有限状态机来描述用户操作界面的预期行为。你可能需要使用决策树来描述在响应外部条件的复杂组合时系统的预期行为。诸如此类。

Yeh, R., P. Zave, A. Conn, and G. Cole, Jr., "Software Requirements: New Directions and Perspectives," in *Handbook of Software Engineering*, C.Vick and C. Ramamoorthy, eds., New York: Van Nostrand Reinhold, 1984, pp. 519-543.

原则 49　合理地组织需求
ORGANIZE REQUIREMENTS SENSIBLY

我们通常需要有层次地组织需求。这有助于读者理解系统功能，也有助于需求编写者在需求变更时定位章节。组织需求有很多方式，选择哪种最合适的方式取决于具体产品。

要以一种对客户、用户或者市场营销人员最自然的方式来组织需求。这里有一些例子：从用户（类别）的角度，从激励（类别）的角度，从反馈（类别）的角度，从对象（类别）的角度，从功能（类别）的角度，从系统模式的角度等。举例来说，对于电话交换系统，可依次按照功能类别、功能、用户来组织需求：

1. 单方通话
　　1.1 呼叫转移
　　1.2 呼叫驻留
2. 双方通话
　　2.1 本地通话
　　　　2.1.1 主叫方视角
　　　　2.1.2 被叫方视角
　　2.2 长途通话
　　　　2.2.1 主叫方视角
　　　　2.2.2 被叫方视角
3. 多方通话
　　3.1 电话会议
　　3.2 接线员协助呼叫

Davis, A., *Software Requirements: Objects, Functions and States*, Englewood Cliffs, N.J.: Prentice Hall, 1993, Section 3.4.11.

原则50　给需求排列优先级
PRIORITIZE REQUIREMENTS

并非所有需求都是同样重要的。对于载人航天飞行器来说，需求可能同时包括速溶橙汁和全功能生命支持系统。但显然前者没有后者重要。如果没有果汁，你大概不会中断发射，但如果生命支持系统不能工作，你肯定要中止发射。

一种设定需求优先级的方法，是给需求规格说明中的每个需求加上后缀 M、D 或者 O 来表示必须（Mandatory）、期望（Desirable）、可选（Optional）。尽管这里创造了一个可选需求的矛盾概念，但是它清楚准确地说明了相对优先级。另一个较好的方式是给每个需求按照重要性打分，从 0 到 10。

Davis, A., *Software Requirements: Objects, Functions and States*, Englewood Cliffs, N.J.: Prentice Hall, 1993, Section 3.4.11.

原则 51 书写要简洁
WRITE CONCISELY

我经常看到需求规格说明中包含类似如下的描述：

> 目标跟踪功能应提供显示所有活动目标的当前跟踪坐标的能力。

和下面的描述对比一下：

> 在跟踪时，系统应显示所有活动目标的当前位置。

原则52 给每个需求单独编号

SEPARATELY NUMBER EVERY REQUIREMENT

需求规格说明中的每条需求能很容易地被引用，这很重要。这对后续在设计中追踪需求（见原则 62）和在测试中追踪需求（见原则 107）是必要的。

最简单的方法是给每个需求打上唯一标识符（例如，[需求 R27]）。另外一种方法是给每个段落编号，然后对"段落 i.j"中的句子 k 中的需求，编号为"需求 i.j-sk"。第三种方法是遵循以下规则：每条需求都包含词语"应该"（或除保留词外的任何其他合适词语），例如，系统应该在 0.5 秒内发出拨号音。然后，使用简单的文本匹配程序提取、编号，并在附录中列出所有需求。

Gilb, T., *Principles of Software Engineering Management*, Reading, Mass.: Addson Wesley, 1988, Section 8.10.

译者注

这里作者所推荐的方法可能已经过时，但是"对需求进行编号以便追踪"的思路仍然是非常正确的。

原则 53 减少需求中的歧义

REDUCE AMBIGUITY IN REQUIREMENTS

大多数需求规格说明用自然语言编写。由于词、短语和句子的语义不严密,自然语言存在固有的歧义问题。尽管消除需求中所有歧义的唯一方法是使用形式语言,但是通过仔细地评审和重写有明显或微妙歧义的文字,可以在一定程度上减少歧义。关于歧义及其后果,阿尔·戴维斯(Al Davis)提供了非常多的例子。

减少歧义的三个有效方法是:

1. 对软件需求规格说明使用范根检查法(Fagan Inspection)。
2. 尝试对需求构建更形式化的模型,并在发现问题后重写自然语言的描述(见原则 28)。
3. 组织好软件需求规格说明,使对开页分别包含自然语言描述和形式模型描述。

Davis, A., *Software Requirements: Objects, Functions and States*, Englewood Cliffs, N.J.: Prentice Hall, 1993, Section 3.4.2.

译者注

范根检查法(Fagan Inspection),是在软件开发过程中尝试从文档中发现缺陷的流程。详情参见链接 4。

原则54 对自然语言辅助增强，而非替换
AUGMENT, NEVER REPLACE, NATURAL LANGUAGE

在试图减少需求中的歧义时，软件开发人员经常决定要使用比自然语言更精准的符号。这当然应该鼓励，可通过使用有限状态机、谓词逻辑、Petri网络、状态图等来减少歧义（见原则53）。然而，这样一来，对于那些计算机科学或数学背景不如需求编写者的人来说，需求规格说明变得更不好理解（见原则56）。

为了缓解使用形式化符号带来的这个问题，应该保留自然语言描述。事实上，一个好主意是，在对开的页面上并行保留自然语言和更加形式化的描述。要对两者做人工核对，以保证一致性。这样就可以让所有读者都能理解，而且无数学知识的读者也能获得有用的信息。

Meyer, B., "On Formalism in Specifications," *IEEE Software*, 2, 1(January 1985), pp. 6-26.

原则 55　在更形式化的模型前，先写自然语言
WRITE NATURAL LANGUAGE BEFORE A MORE FORMAL MODEL

原则 54 说，要创建同时包含自然语言和形式化模型的需求规格说明。一定要先写自然语言的描述。如果先基于形式化模型描述，会倾向于用自然语言描述模型，而非描述解决方案系统。

比较下面两段文字，以理解我的意思：

> 为拨打长途电话，用户应该拿起电话。系统应该在 10 秒内返回一个拨号音。用户应该拨"9"。系统应该在 10 秒内返回一个不同的拨号音。

> 系统包含四种状态：空闲、拨号音、不同的拨号音和接通。要从"空闲"状态转换到"拨号音"状态，应拿起电话。要从"拨号音"状态转换到"不同的拨号音"状态，应拨"9"。

请注意，后一段文字描述完全没给读者提供帮助。最好的方法是：(1) 写自然语言，（2）写形式化模型，（3）根据形式化模型中发现的问题去修改自然语言，以减少歧义。

原则56 保持需求规格说明的可读性
KEEP THE REQUIREMENTS SPECIFICATION READABLE

需求规格说明必须可被大范围的个人或组织阅读和理解：用户、客户、市场营销人员、需求作者、设计师、测试人员、管理人员等。文档必须使所有人充分领会所需要的并在开发中的系统，这样才不会出现意外。

仅当你可以保证各个版本之间的一致性时，创建多个需求规格说明（每个对应一个相关方的子集）才是可行的。一种更有效的方法是，保留自然语言（见原则54），同时结合更形式化的多视角（见原则48和53）。

Davis, A., *Software Requirements: Objects, Functions, and States*, Englewood Cliffs, N.J.: Prentice Hall, 1993, Section 3.4.5.

原则 57 明确规定可靠性
SPECIFY RELIABILITY SPECIFICALLY

软件的可靠性很难被准确说明。不要因为含糊其词,让问题变得更难以被解决。比如,"这个系统有 99.999% 的可靠性"这句话没有任何意义。这是意味着,这个系统在一年内宕机不会超过 5 分钟,但可以偶尔出现一个错误(如一个电话系统可能偶尔转错电话)?还是意味着,每处理 10 万次事务,最多只能犯一个错误(例如,一个病人监护系统不会"致死"超过十万分之一的病人)?

当编写可靠性需求时,要区分以下概念:

1. 需求失效(Failure on Demand)。系统正确响应的可能性(百分比)是多少?例如,"系统应正确报告 99.999% 的病人生命体征异常"。
2. 失败率(Rate of Failure)。这个概念和"需求失效"类似,但它以单位时间内的数值来衡量。例如,"系统无法正确报告病人生命体征异常的次数,每年不超过 1 次"。
3. 可用性(Availability)。系统可用的时间百分比是多少?例如,"在任何自然年内,电话系统(至少)在 99.999% 的时间可用"。

Sommerville, I., *Software Engineering*, Reading, Mass.: Addison-Wesley, 1992, Section 20.1.

原则 58 应明确环境超出预期时的系统行为
SPECIFY WHEN ENVIRONMENT VIOLATES "ACCEPTABLE" BEHAVIOR

需求规格说明通常会定义系统环境的特征。这些信息被用于做理智的设计决策。这通常意味着，开发人员有义务来考虑并容纳这些特性。但当系统环境超出这些限制时，系统部署后将会发生什么？

假设空中交通管制系统的需求规定，在一个区域中应能同时处理最多 100 架飞机。系统被开发出来并正确地满足这些需求。3 年后，偶然有 101 架飞机进入一个区域。软件应如何处理？

可能的选项有：

1. 打印错误信息："系统环境超出需求规格"。
2. 崩溃（系统停止运行）。
3. 忽略第 101 架飞机。
4. 处理第 101 架飞机，但可能无法满足部分时间约束（比如屏幕的刷新间隔）。

很显然，前 3 个选项都是不可接受的。然而基于（没有）在需求规格说明中的描述，它们都是正确的系统响应。正确的解决方案是：当环境超出为其定义的任何约束时，在软件需求规格说明中应明确声明预期的系统响应。

Davis, A., *Software Requirements: Objects, Functions and States*, Englewood Cliffs, N.J.: Prentice Hall, 1993, Section 5.3.2.

原则 59 自毁的待定项
SELF-DESTRUCT TBD'S

通常来讲，需求规格说明中不应包含待定项（TBD，To Be Determined）。显然，包含待定项的需求规格说明是未完成的，但可能有很好的理由接受，并将包含待定项的文档作为基线。当某些需求的精确性对重要设计决策无关键影响时，更是如此。

当创建一个待定项时，一定要为它加上"自毁"的注释，即要明确：到何时为止，由谁处理这个待定项。例如，一个注释可能写为："开发经理将在 1995 年 12 月之前解决这个待定项"。这能确保这个待定项不会一直被保留。

IEEE, *ANSI/IEEE Guide to Software Requirements Specifications*, Standard 830-1994, Washington, D.C.: IEEE Computer Society Press, 1994.

原则 60 将需求保存到数据库
STORE REQUIREMENTS IN A DATABASE

需求是复杂和非常不稳定的。出于这些原因,应将它们保存到电子设备,最好是数据库中。这将方便进行修改、排查修改带来的影响、记录特定需求的细节属性等。

在数据库中存储的内容可能包括:需求的唯一标识(见原则 52)、需求的文本描述,与其他需求的关系(例如,对需求的更抽象或更详细的描述),需求的重要性(见原则 50),预期的需求易变性,指向需求来源的标识(见原则 43),需求应用的产品版本(见原则 44 和 178),等等。理想情况下,需求规格说明本身就是整个数据库有组织的导出。

译者注

现在已经可以使用一些现成的工具来管理需求,如百度的 iCafe、腾讯的 TAPD、Atlassian 的 Jira 等。

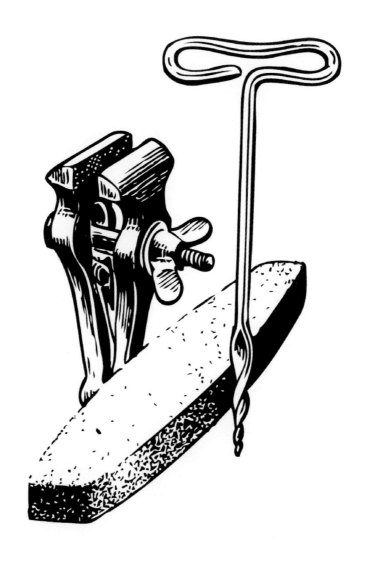

第4章 设计原则

DESIGN PRINCIPLES

设计包括以下活动:(1)定义满足需求的软件架构(architecture),(2)具体说明架构中的各个软件组件的算法。架构包括:软件中所有模块的定义,它们之间如何提供接口,它们之间如何组装,组件的拷贝如何实例化(即在内存中创建并执行的组件拷贝)和销毁。设计的最终产出是设计规格说明(Design Specification)。

原则61 从需求到设计的转换并不容易
TRANSITION FROM REQUIREMENTS TO DESIGN IS NOT EASY

需求工程最终会形成需求规格说明,是一个系统外部行为的详细描述。设计的第一步,是综合形成一个理想的软件架构。在软件工程领域,从需求到设计的转换,并不比在其他任何工程学科中更容易。设计很难。从外部视角到内部最优设计的转换,从根本上说是一个难题。

一些方法声称,将需求规格说明中的"架构"作为软件架构,这样转换就是容易的。因为设计是困难的,所以有以下几种可能性:

1. 在需求分析阶段,完全没有考虑选择最优设计。在这种情况下,不能接受将需求阶段的设计作为最终设计。
2. 在需求分析阶段,列出各种可选设计,并进行分析及选优。在确定需求基线、做出创作或购买的决策和进行开发成本估算之前,组织负担不起去做彻底的设计(通常占开发总成本的30%到40%)。
3. 某方法(即将需求规格说明中的"架构"作为软件架构)假设某种软件架构对所有软件都是最理想的。这显然是不可能的。

Cherry, G., *Software Construction by Object-Oriented Pictures*, Canadaigua, New York: Thought Tools, 1990, p.39.

原则 62　将设计追溯至需求
TRACE DESIGN TO REQUIREMENTS

当设计软件时，设计者必须知道，哪些需求能被每个组件满足。当选择软件架构时，重要的是所有需求都能被覆盖。软件部署后，当检测到故障时，维护人员需要快速分离出那些最有可能包含故障原因的软件组件。在维护期间，当一个软件组件被修复时，维护人员需要知道哪些需求可能会受到不利的影响。

所有这些要求可以通过创建一个大的二维表格来满足，表中的行对应所有的软件组件，表中的列对应需求规格说明中的每个需求。任何位置的 1 表示此设计组件有助于满足此需求。注意，没有 1 的行表示该组件没有用处，没有 1 的列表示该需求未被满足。有人认为这张表格很难维护。但我认为你需要这张表格去设计或者维护软件。没有这张表格，你可能不能设计出一个正确的软件组件，而且在维护期间会花费过多的时间。这张表格的成功创建，依赖于你唯一引用每个需求的能力（见原则 52）。

Glass, R., *Building Quality Software*, Englewood Cliffs, N.J.: Prentice Hall, 1992, Section 2.2.2.5.

原则 63 评估备选方案
EVALUATE ALTERNATIVES

在所有工程学科中,一个重要的思想是:详细列出多种方法,在这些方法之间权衡分析,并最终采用一种。在需求达成一致后,你必须充分考虑各种架构和算法。你当然不想直接使用那种在需求规格说明中提到的架构(见原则 46)。毕竟,在需求规格说明中选择这种架构是为了优化系统外部行为的可理解性。你需要的架构是与需求规格说明中包含的需求保持最优一致的那种架构。

例如,架构的选择通常是为了优化吞吐量、响应时间、可变更性、可移植性、互操作性、安全性或者可用性,同时满足功能需求。实现这些目的的最好方法是列举各种软件架构,根据目标分析(或模拟)每种架构,并选择最佳方案。一些设计方法会导致特定的软件架构。因此,要有多种架构,就要使用多种设计方法。

Weinberg, G., *Rethinking Systems Analysis and Design*, New York: Dorset House, 1988, Part V.

原则 64 没有文档的设计不是设计
DESIGN WITHOUT DOCUMENTATION IS NOT DESIGN

我经常听到软件工程师说,"我已经完成了设计,剩下的工作就是写文档了"。这种做法毫无道理。你能想象一个建筑设计师说,"我已经完成了你新家的设计,剩下的工作就是把它画出来",或者一个小说家说,"我已经完成了这部小说,剩下的工作就是把它写下来"?设计,是在纸或其他媒介上,对恰当的体系结构和算法的选择、抽象和记录。

Royce, W., "Managing the Development of Large Software Systems," *WESCON* '70, 1970; reprinted in *9th International Conference on Software Engineering*, Washington, D.C.: IEEE Computer Society Press, 1987, pp.328-338.

原则 65 封装
ENCAPSULATE

信息隐藏,是一个简单且经过验证的概念,它使软件更容易测试和维护。大多数软件模块应该对所有其他软件隐藏一些信息。这些信息可能是:数据结构、数据内容、算法、设计决策、硬件接口、用户接口或给其他软件提供的接口。信息隐藏有助于隔离错误,因为当隐藏的信息在某种方式下变得不可接受时(如,失败,或必须变更以适应新的需求),只有隐藏该信息的软件需要被检查或更改。封装,指的是一组统一的规则集,其是关于哪些类型的信息应该被隐藏的。例如,在面向对象设计中,封装通常是指在每个对象中隐藏属性(数据)和方法(算法)。除了通过调用方法,其他对象无法影响属性的值。

Parnas, D., "On the Criteria to Be Used in Decomposing Systems into Modules," *Communications of the ACM*, 15, 12 (December 1972), pp.1053-1058.

原则 66　不要重复造轮子
DON'T REINVENT THE WHEEL

当电子工程师设计新的印刷电路板时,他们会查阅可用集成电路的目录,以选择最合适的组件。当电子工程师设计新的集成电路时,他们会查阅标准单元的目录。当建筑师设计新房屋时,他们会查阅预制门窗、饰条和其他组件的目录。所有这些都被称为"工程"。软件工程师经常一次又一次地重新发明组件。他们很少修补已有的软件组件。有趣的是,软件业称这种罕见的实践为"复用",而不是"工程"。

Ramamoorthy, C. V., V. Garg, and A. Prakash, "Programming in the Large," *IEEE Transactions on Software Engineering*, 12, 7 (July 1986), pp.769-783.

原则 67 保持简单
KEEP IT SIMPLE

一个简单的架构或者一个简单的算法，在实现高可维护性方面，有很长的路要走。记住 KISS 原则。另外，当你将软件分解成子组件时，要记住，一个人很难同时理解超过 7（±2）个事物。托尼·霍尔（Tony Hoare）说过：

> 构建软件设计有两种方法。一种方法是使它简单到明显没有缺陷，另一种方法是使它复杂到没有明显的缺陷。

Miller, G., "The Magical Number Seven, Plus or Minus Two," *The Psychological Review*, 63, 2 (March 1956), pp.81-97.

译者注
[1] KISS，即 Keep It Simple and Stupid。详情请参见链接 5。
[2] 托尼·霍尔（Tony Hoare），英国计算机科学家，图灵奖得主。他发明了快速排序算法（Quick Sort）。

原则 68 避免大量的特殊案例
AVOID NUMEROUS SPECIAL CASES

在你设计算法时，无疑会发现存在许多例外情况。例外情况会使得特殊案例被加入算法。每一个特殊案例都会使你更难调试，并使其他人更难修改、维护和增加功能。

如果你发现有太多的特殊案例，那么你可能设计了一个不合适的算法。应重新思考并重新设计算法（见原则 67）。

Zerouni, C., as reported by Bentley, J., *More Programming Pearls*, Reading, Mass.: Addison-Wesley, 1988, Section 6.1.

原则 69　缩小智力距离
MINIMIZE INTELLECTUAL DISTANCE

艾兹格·迪科斯彻（Edsger Dijkstra）将智力距离（Intellectual Distance）定义为，现实问题和对此的计算机解决方案之间的距离。理查德·费莱（Richard Fairley）认为，智力距离越小，维护软件就越容易。

为了做到这一点，软件的结构应该尽可能地接近模仿现实世界的结构。面向对象设计和杰克逊系统方法（Jackson System）等设计方法，将最小的智力距离作为主要的设计驱动。但是你可以使用任何设计方法去缩小智力距离。当然，要意识到"现实世界的结构"并不是唯一的。正如杰威德·西迪奇（Jawed Siddiqi）在 1994 年 3 月发表在 *IEEE Software* 上的文章(标题为"Challenging Universal Truths of Requirements Engineering"，挑战需求工程的普遍真理)中所指出的，不同的人在审视同一个现实世界时，往往会感知到不同的结构，这样就构造出了相当多样化的"构造的现实"。

Fairley, R., *Software Engineering Concepts*, New York: McGraw-Hill, 1985.

译者注

[1] 艾兹格·迪科斯彻（Edsger Dijkstra），著名的计算机科学家，图灵奖得主。详情参见链接 6。

[2] 杰克逊系统方法（Jackson System），是一种软件开发方法。详情参见链接 7。

原则 70　将设计置于知识控制之下
KEEP DESIGN UNDER INTELLECTUAL CONTROL

如果设计是以能使其创建者和维护者完全理解的方式创建和记录的，那么这个设计就是在知识可控范围内的。

这种设计的一个基本属性是，它是分层构建的和多视角的。层次结构使读者能够抽象地理解整个系统，并在向更深层次移动时，可理解越来越多的细节。在每个层次上，组件应该仅从外部视角描述（见原则 80）。此外，任何单个组件（在层次结构的任何级别中）都应该展现出简单和优雅。

Witt, B., F. Baker, and E. Merritt, *Software Architecture and Design*, New York: Van Nostrand Reinhold, 1994, Section 2.5.

原则 71 保持概念一致

MAINTAIN CONCEPTUAL INTEGRITY

概念一致是高质量设计的一个特点。它意味着，使用有限数量的设计"形式"，且使用方式要统一。设计形式包括：模块如何向调用方通知错误，软件如何向用户通知错误，如何组织数据结构，模块通信机制，文档标准，等等。

当设计完成后，设计应该看起来都是一个人做的，尽管其实它是很多参与者的产出。在设计过程中，经常会有偏离既定形式的诱惑。对这样的诱惑，有些是可以让步的，比如，理由是提升系统的一致性、优雅性、简单性或性能。有些则不能让步，比如，仅仅为了确保某个设计者在设计中留下自己的印记。概念一致比自我满足更重要。

Witt, B., F. Baker, and E. Merritt, *Software Architecture and Design*, New York: Van Nostrand Reinhold, 1994, Section 2.6.

原则 72　概念性错误比语法错误更严重
CONCEPTUAL ERRORS ARE MORE SIGNIFICANT THAN SYNTACTIC ERRORS

在软件开发中，不论是写需求规格说明、设计文档、代码还是测试，我们都要花费大量精力来排除语法错误。这是值得赞许的。然而，构建软件真正的困难来自概念性错误。大多数开发者会花很多时间寻找并修改语法错误，因为一旦发现这些看起来愚蠢的错误，在某种程度上会使开发者感到愉悦。但当开发者发现概念性错误时，通常会感觉自己在某些方面能力不足。不管你有多优秀，都会犯概念性错误。去寻找它们吧。

在开发的各个阶段，问自己一些关键的问题。在需求阶段，问自己，"这是客户想要的吗？"在设计阶段，问自己，"这个架构在压力下可以正常工作吗？"或者"这个算法真的适用于各种场景吗？"在编码阶段，问自己，"这段代码的执行和我想的一样吗？"或者"这段代码是否正确实现了这个算法？"在测试阶段，问自己，"执行这段测试能让我确信什么吗？"

Brooks, F., "No Silver Bullet: Essence and Accidents of Software Engineering," *IEEE Computer*, 20, 4 (April 1987), pp. 10-19.

原则 73　使用耦合和内聚
USE COUPLING AND COHESION

耦合和内聚是由 Larry Constantine 和 Edward Yourdon 在 20 世纪 70 年代定义的。它们依然是目前所知用来度量软件系统自身可维护性和适应性的最好方法。简单来说，*耦合*，是对两个软件组件之间关联程度的度量。*内聚*，是对一个软件组件内功能之间相关程度的度量。我们要追求的是低耦合和高内聚。*高耦合*意味着，当修改一个组件时，很可能需要修改其他组件。*低内聚*意味着，难以分离出错误原因或者难以判断为满足新需求而要修改的位置。Constantine 和 Yourdon 甚至为我们提供了一个简单易用的方法来度量这两个概念。1979 年以后，大部分关于软件设计的图书都会讲到这些度量方法。学习并使用它们来指导你的设计决策吧。

Constantine, L., and E. Yourdon, *Structured Design*, Englewood Cliffs, N.J.: Prentice Hall, 1979.

原则 74　为变化而设计
DESIGN FOR CHANGE

在软件开发中，我们经常会遇到错误、新需求或早期错误沟通导致的问题。所有这些都会导致设计的变化，甚至在设置基线之前（见原则 16）。而且，在设置基线和交付产品后，会出现更多的新需求（见原则 185）。这些都意味着，你必须选择架构、组件和规范技术，以适应重大和不断的变化。

为了适应变化，设计需要做到：

- 模块化，即产品应该由独立的部分组成，每一部分可以很容易地被升级或替换，以对其他部分造成最小的影响（见原则 65、70、73、80）。
- 可移植性，即产品应该很容易修改以适应新的硬件和操作系统。
- 可塑性，即产品可以灵活地适应预期外的新需求。
- 保证最小智力距离（见原则 69）。
- 在智力可控范围内（见原则 70）。
- 这样它就能表现出概念一致（见原则 71）。

Witt, B., F. Baker, and E. Merritt, *Software Architecture and Design*, New York: Van Nostrand Reinhold, 1994, Section 1.3.

原则75 为维护而设计
DESIGN FOR MAINTENANCE

对于非软件产品，设计后的最大成本风险是制造。对于软件产品，设计后的最大成本风险是维护。对于前者，为制造而设计是主要的设计驱动力。不幸的是，为维护而设计并不是软件的标准。但它本应该是。

设计者有责任选择最优的软件架构以满足需求。很明显，这个架构是否合适将对系统性能产生深远的影响。不仅如此，架构的选择也对最终产品的可维护性有深远的影响。特别是，从对可维护性的影响来说，架构选择比算法或代码更加重要。

Rombach, H. D., "Design Measurement: Some Lessons Learned," *IEEE Software*, 7, 2 (March 1990), pp. 17-25.

原则 76　为防备出现错误而设计
DESIGN FOR ERRORS

不管你为软件付出多少努力，它都会有错误。你的设计决策应该尽可能做到以下优化：

1. 不引入错误。
2. 引入的错误容易被检测。
3. 部署后软件中遗留的错误要么是不危险的，要么在执行时有补偿措施，这样错误不会造成灾难。

将这种健壮性融入设计并不容易。下面是一些有帮助的想法：

1. 不要省略 case 语句。比如，如果某个变量有四个可能的值，不要只检查三种情况就假定第四个是剩下的唯一可能值。相反，要设想不可能情况的发生。要检查第四个可能值，并尽早处理错误情况。
2. 要尽可能多地预想"不可能"的情况，并制定恢复策略。
3. 为了减少可能造成灾难的情况，要对可预测的不安全情况进行故障树分析（Fault Tree Analysis，具体可查看 Leveson, N., "Software Safety: What, Why, and How," ACM *Computing Surverys*, 18, 2 (June 1986), pp. 125-163)。

　　Witt, B., F. Baker, and E. Merritt, *Software Architecture and Design*, New York: Van Nostrand Reinhold, 1994, Section 6.4.2.6.

原则77 在软件中植入通用性
BUILD GENERALITY INTO SOFTWARE

一个软件组件的通用性体现在,它在不同的场景下不做任何修改就能执行预期功能。通用的软件组件要比不太通用的组件更难设计。此外,它们通常执行更慢。不过,这样的组件有以下优点:

1. 适合用于复杂系统中,因为在复杂系统中,一个相似的功能需要在不同的地方被执行。
2. 更可能不经修改就在其他系统中被复用。
3. 可以减少组织的维护成本,因为独特或相似的组件数量会减少。

当把一个系统拆分成子组件时,要注意其潜在的通用性。很明显,当多个地方都需要一个相似的功能时,只需构建一个通用功能组件,而非多个相似功能的组件。同样,在开发只在一个地方需要的功能时,要尽可能植入通用性,以便日后扩展。

Parnas, D., "Designing Software for Ease of Extension and Contraction," *IEEE Transactions on Software Engineering*, 5, 2 (March 1979), pp. 128-138.

原则 78　在软件中植入灵活性
BUILD FLEXIBILITY INTO SOFTWARE

一个软件组件的灵活性体现在，它很容易被修改，以在不同的场景下执行其功能（或者相似功能）。灵活的软件组件比不太灵活的组件更难设计。不过，这样的组件有以下优点：（1）比通用组件（见原则 77）运行时更高效；（2）相比于不太灵活的组件，在不同的应用场景中更加容易被复用。

Parnas, D., "Designing Software for Ease of Extension and Contraction," *IEEE Transactions on Software Engineering*, 5, 2 (March 1979), pp. 128-138.

原则 79 使用高效的算法
USE EFFICIENT ALGORITHMS

了解算法复杂度理论是成为一名优秀设计者的必要前提。给定任何问题，你都应该给出无限多种可选算法来解决它。"算法分析"理论让我们知道，如何区分本来速度就慢的算法（不管编码如何优秀）和速度快几个数量级的算法。关于这个主题有很多优秀的图书。每一个拥有计算机科学专业的优秀本科院校都会开设这方面的课程。

Horowitz, E., and S. Sahni, *Fundamentals of Computer Algorithms*, Potomac, Md.: Computer Science Press, 1978.

原则 80　模块规格说明只提供用户需要的所有信息

MODULE SPECIFICATIONS PROVIDE ALL THE INFORMATION THE USER NEEDS AND NOTHING MORE

设计过程中的一个关键部分，是对系统中每个软件组件的精确定义。这个规格说明将成为组件"可见"或"公开"的部分。它必须包含用户（这里的"用户"是指，另一个软件组件，或另一个组件的开发者）需要的全部内容，如用途、名字、调用方法、如何同所在环境通信的细节等。任何用户不需要的内容，都要明确排除在外。在大部分情况下，应该排除使用的算法和内部数据结构。因为如果它们是"可见"的，用户可能就会利用这些信息。那么后续的扩展或修改将变得非常困难，因为组件的任何修改都会对所有使用它的组件造成级联效应（见原则 65）。

Parnas, D., "A Technique for Software Module Specification with Examples," *Communications of the ACM*, 15, 5 (May 1972), pp. 330-336.

原则 81 设计是多维的
DESIGN IS MULTIDIMENSIONAL

在设计一座房子时，建筑设计师需要以多种方式来描述，以方便建筑工人、建筑原材料购买者，以及房屋购买者来充分了解房屋的本质。这些描述方式包括：立面图、平面图、框架、电气图、管道图、门窗细节，以及其他。对于软件设计，也是一样的道理。一份完整的软件设计至少需要包括：

1. 打包方案（Packaging）。通常用层次图的形式给出，用于说明"什么是什么的一部分"，它通常隐含说明了数据可见性。它还能体现封装性，如对象内包含的数据和方法。
2. 依赖层次（Needs Hierarchy）。用于说明"谁需要谁"。以组件网状图的形式表达，其中箭头的指向表明组件间的依赖关系。依赖可能是数据、逻辑或者其他信息。
3. 调用关系（Invocation）。用于说明"谁调用谁"。以组件网状图的形式表达，其中箭头的指向表明组件间的调用、中断、消息传递关系等。
4. 进程组织（Processes）。一批组件被组织在一起，作为异步处理的进程。这是与其他进程同时运行的组件副本。零个、一个或多个副本可能同时存在。另外，还需要说明导致进程创建、执行、停止或销毁的条件。

Witt, B., F. Baker, and E. Merritt, *Software Architecture and Design*, New York: Van Nostrand Teinhold, 1994, Section 1.1.

原则 82　优秀的设计出自优秀的设计师
GREAT DESIGNS COME FROM GREAT DESIGNERS

较差的设计与较好的设计的差异，可能源于完善的设计方法、出众的训练、更好的教育或其他因素。无论如何，真正优秀的设计，是真正优秀设计者的智慧结晶。优秀设计的特征是：简洁（Clean）、简单（Simple）、优雅（Elegant）、快速（Fast）、可维护（Maintainable）、易于实现（Easy to Implement）。优秀的设计源于灵感和洞察力，而不仅是努力工作或按部就班的设计方法。对于最好的设计者要重点支持。他们才是未来。

Brooks, F., "No Silver Bullet: Essence and Accidents of Software Engineering," *IEEE computer*, 20, 4 (April 1987), pp. 10-19.

原则 83 理解你的应用场景
KNOW YOUR APPLICATION

无论需求文档写得多好,架构和算法的最优选择,都应主要基于对应用场景特质的理解。压力下的预期行为,预期的输入频率,响应时间的极限,新硬件的可行性,天气对预期系统性能的影响,等等,这些都是和应用场景相关的。在做架构和算法选型时,需要对此特别考虑。

Curtis, B., H. Krasner, and N. Iscoe, "A Field Study of the Software Design Process for Large Systems", *Communications of the ACM*, 31, 11 (November 1988), pp. 1268-1287.

原则 84　无须太多投资，即可实现复用
YOU CAN REUSE WITHOUT A BIG INVESTMENT

要复用软件组件，最有效的方法是：从一个包含精心制作和挑选的组件的代码库开始，这些组件是专门为重用而定制的。然而，这需要大量时间和金钱的投入。通过"废物利用"（Salvaging）技术，短期内实现复用是可能的。简而言之，"废物利用"就是在团队中询问，"你是否曾经实现过具有 X 功能的软件组件？"如果找到了，就对它进行适配，然后使用。这个方法从长期来看可能并不总是有效，但是当前它确实奏效。这样你就没有理由不进行复用了。

Incorvaia, A. J., A. Davis, and R. Fairley, "Case Studies in Software Reuse," *Fourteenth IEEE International Conference on Computer Software and Applications*, Washington, D.C.: IEEE Computer Society Pres, 1990, pp. 301-306.

原则 85 "错进错出"是不正确的
"GARBAGE IN, GARBAGE OUT" IS INCORRECT

很多人引用"错进错出",好像软件这样运行是可以接受的。它是不可以接受的。如果一个用户提供了非法的输入数据,程序应该返回一个好理解的提示,解释为什么这个输入是非法的。如果一个软件组件收到非法的输入数据,不应继续处理,而应给发出错误数据的组件返回一个错误码。这样的思维方式,可以帮助减少软件错误带来的多米诺效应,并且更容易定位错误。因为这样可以尽早捕获错误,并阻止进一步的数据污染。

McConnell, S., *Code Complete*, Redmond, Wash.: Microsoft Press, 1993, Section 5.6.

原则 86　软件可靠性可以通过冗余来实现
SOFTWARE RELIABILITY CAN BE ACHIEVED THROUGH REDUNDANCY

在硬件系统中，高可靠性和可用性（见原则 57）经常通过冗余来实现。如果期望一个系统组件的平均故障间隔时间（Mean-Time-Between-Failures）为 x，我们可以生产 2~3 个类似的组件，然后以下面两种方式之一运行：

1. 并行方式（Parallel）。例如，让多个组件执行相同的功能，当它们返回的结果不同时，关闭其中一个，不会影响到整个系统的功能。
2. 冷备方式（Code Standby）。仅当在用的计算机硬件出错时，才启用备用的计算机。

用以上方式，设备的制造成本比两倍稍微多一些，设计的成本会少量增长，可靠性则呈指数级提升。

在软件系统中，我们不能使用同样的方法。如果对相同的软件做两份拷贝，并不会增加软件的可靠性。如果其中一个失败，另外一个也会失败。而可行的方案是：根据相同的需求规格说明，（让两个不同的设计团队）设计出两套软件系统，然后并行部署。用以上方案，开发成本会翻倍，可靠性会呈指数级提升。需要留意的是，在硬件的例子中，设计成本只有轻微的增长；而在软件的例子中，设计成本（这是软件的主要成本）会翻倍。软件的超高可靠性是非常昂贵的（见原则 4）。

Musa, J., A. Iannino, and K. Okumoto, *Software Reliability*, New York: McGraw-Hill, 1987, Section 4.2.2.

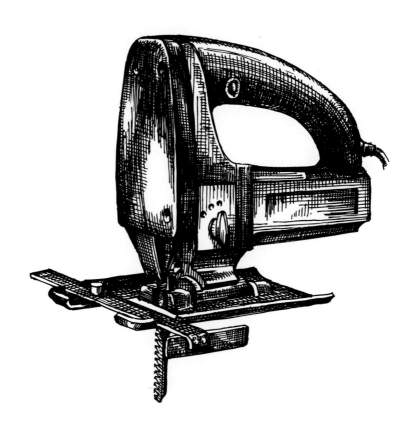

第 5 章　编码原则

CODING PRINCIPLES

*编码*是包含以下行为的集合：

1. 将设计阶段确定的算法转换为用计算机语言编写的程序。
2. 将程序(通常是自动化的)转换为可被计算机直接执行的语言。

编码的主要输出结果就是程序清单。

原则 87　避免使用特殊技巧
AVOID TRICKS

很多程序员喜欢写带有特殊技巧（trick）的程序。这些程序虽然可以正确地执行功能，但是使用了非常晦涩难懂的方式。典型的表现是，他们利用一个函数的副作用来实现一个主要功能。程序员将这些视为"聪明"的表现，但正如艾伦·马克罗（Allen Macro）所指出的，他们"通常只是愚蠢地使用了高智商"。

特殊技巧被频繁使用的理由有很多：

1. 程序员都非常聪明，他们想展示这种聪明。
2. 维护人员在最终搞清这些特殊技巧如何生效时，不仅会认识到原来的程序员有多聪明，也会意识到自己有多么聪明。
3. 职业安全感。

底线：避免编写使用特殊技巧的代码，以向世界展示你有多聪明！

Macro, A., *Software Engineering: Concepts and Management*, Englewood Cliffs, N.J.: Prentice-Hall International, 1990, p. 247.

原则 88　避免使用全局变量

AVOID GLOBAL VARIABLES

全局变量便于程序编写。毕竟，如果你想访问或者修改变量 *x*，直接操作就可以。不幸的是，如果访问变量 *x* 时发现取值不正常（如，-16.3 艘船），很难确定是哪个模块出了问题。"全局"意味着，任何人都可能错误地修改它的值。

作为替代方案，可以将重要数据封装在对应模块中（见原则 65），这样任何人都必须通过指定方式来访问或者修改它。此外，可以显式地给需要特定数据的程序传递参数。如果发现参数过多，那么可能需要改造你的设计。

Ledgard, H., *Programming Practice*, Vol. II, Reading, Mass.: Addison-Wesley, 1987, Chap. 4.

原则 89 编写可自上而下阅读的程序
WRITE TO READ TOP-DOWN

人们阅读程序代码通常都是从上（即，第一行）到下（即，最后一行）。要编写有助于读者理解的程序。

本原则的含义包括：

1. 顶部要包含详细的对外说明，用以明确定义程序的目的与用途。
2. 顶部要说明外部可访问的方式、局部变量和算法。
3. 使用被称为"结构化"的编程结构，这从本质上更易于遵循自上而下的原则。

Kernighan, B., and P. Plauger, *The Elements of Programming Style*, New York: McGraw-Hill, 1978, pp. 20-37.

原则 90　避免副作用

AVOID SIDE-EFFECTS

程序的副作用,是指程序的某些操作不是其主要目的,并且这些操作对程序外部可见(或其结果能被外部感知)。副作用是软件中许多细微错误的来源。即,这些错误是潜伏最深的,一旦它们的症状表现出来是最难排查的。

Ledgard, H., *Programming Proverbs*, Rochelle Park, N.J.: Hayden Book Company, 1975, Proverb 8.

原则 91 使用有意义的命名
USE MEANINGFUL NAMES

一些程序员坚持使用诸如 N_FLT 或更糟的名称（如 F）进行变量命名。他们的说法通常是：这样可以使程序员编码时更高效，因为只需使用较少的键盘操作。优秀的程序员应该只花很小比例的时间敲代码（或许只占 10%～15%的时间），大部分时间应该花在思考上。所以，实际上真的能节省多少时间呢？还有这样一种论点：过短的命名实际上会降低效率。原因有两个：（1）测试和维护成本将提高，因为要花更多的时间去尝试理解这些命名；（2）当使用短命名时，有可能要花更多的时间敲代码。第二个原因成立，因为短命名需要更多的注释。例如：

N_FLT = N_FLT + 1

需要加一行注释"LOOK AT NEXT FLIGHT"（按键 32 次），但是

NEXT_FLIGHT = PREVIOUS_FLIGHT + 1

就不需要增加注释（按键 29 次）。

Ledgard, H., *Programming Proverbs*, Rochelle Park, N.J.: Hayden Book Company, 1975, pp. 94-98.

译者注

"LOOK AT NEXT FLIGHT"，中文意思是"获得下一个航班号"。为了便于读者理解原文的意思（即按键次数的差异），在正文部分保持了英文原文。

原则 92　程序首先是写给人看的
WRITE PROGRAMS FOR PEOPLE FIRST

在计算机时代早期，计算机处理速度相对较慢，任何能够减少一些指令操作的事情都值得去做。在非常昂贵的计算机系统上，最有效地利用资源是主要目标。如今形势发生了变化。现在最有价值的资源是人力：开发软件的人力、维护软件的人力和提高软件能力的人力。除了非常少数的例外场景，程序员应该首先考虑的是，后续需要尝试理解和适配软件的人员。任何能够帮助他们的事情都应该去做（原则87到91会提供一些帮助）。执行效率也很重要（见原则63、79、94），但它们并不是互斥的。如果你需要执行效率，这没问题，但要提升程序的可读性，以免在这个过程中对相关人员造成负面影响。

McConnell, S., *Code Complete*, Redmond, Wash.: Microsoft Press, 1993, Section 32.3.

原则 93 使用最优的数据结构
USE OPTIMAL DATA STRUCTURES

数据的结构,与处理该数据的程序的结构,是密切相关的。如果你选择了正确的数据结构,算法(以及代码)将变得易于编写、阅读以及维护。要去阅读任何关于算法或者数据结构的书(它们是一致且相同的)。

当你准备编写程序时,应该将算法和数据结构一起考虑。在选择最佳组合之前,请尝试两个或三个或更多不同的组合。应确保将数据结构封装在一个组件内(见原则 65),这样当发现更好的数据结构时,可以轻松地进行修改。

Kernighan, B., and P. Plauger, *The Elements of Programming Style*, New York: McGraw-Hill, 1988, pp. 52, 67.

原则 94　先确保正确，再提升性能
GET IT RIGHT BEFORE YOU MAKE IT FASTER

提高正常运行程序的性能，比"让高性能程序正常运行"容易很多。当你进行初始编码时，不要担心优化问题。[另外，请勿使用效率低下的算法或数据结构（见原则 79 和 93）。]

每个软件项目都有很大的进度压力。有些项目可能在早期阶段压力不大，但后期会加快步伐。在这种情况下，任何时候一个组件要是能够按时（或者提前）完成并且可靠运行，都值得庆祝。要努力让软件项目成为庆祝的理由，而不是失望的原因。如果你能够让程序正常运行（即使运行缓慢一点），团队中的每个人都会感到高兴。

Kernighan, B., and P. Plauger, *The Elements of Programming Style*, New York: McGraw-Hill, 1978, pp. 124-134.

原则 95　在写完代码之前写注释
COMMENT BEFORE YOU FINALIZE YOUR CODE

我经常听程序员说,"为什么我现在要找麻烦为我的代码写注释?代码是会改变的!"我们写代码注释是为了让软件更易于调试、测试以及维护。在写代码的同时写注释(或者提前写注释,参见原则 96),这会让你更容易调试软件。

当你调试软件时,无疑会发现一些错误。如果从算法到代码的转换过程存在错误,那么你只需要修改代码,而不需要修改注释。如果算法存在错误,那么注释和代码都需要修改。但如果不写代码注释,你怎么能发现算法的错误呢?

Kernighan, B., and P. Plauger, *The Elements of Programming Style*, New York: McGraw-Hill, 1978, pp. 141-144.

原则 96　先写文档后写代码
DOCUMENT BEFORE YOU START CODING

一些读者对这个原则或许会感到奇怪，但当实践一段时间之后，你会认为这个原则是理所当然的。第 95 个原则解释了为什么应该在写完代码前加注释。第 96 个原则更进一步：在开始写代码之前，就应该这么做！

在为一个组件完成详细设计（即，将它的外部接口和算法写为文档）之后，在代码中编写行间注释。这些注释大部分与前面完成的接口与算法的文档没什么不同。让这些注释通过编译，确保没有低级错误的产生（比如漏掉了注释分隔符）。之后将每行注释转化为与之对应的代码片段。（注意，如果最后发现每条注释只对应一行代码，那可能是你对算法描述得过于细致了。）然后你就会发现调试过程变得顺畅许多。

McConnell, S., *Code Complete*, Redmond, Wash.: Microsoft Press, 1993, Sections 4.2-4.4.

原则 97 手动运行每个组件
HAND-EXECUTE EVERY COMPONENT

手动执行一些简单的测试用例，一个软件组件或许会花 30 分钟的时间。但一定要做这件事！我这样建议，是补充而不是代替现存的那些更深入和完整的、程序化的单元测试。有多大成本？就 30 分钟而已。如果不这么做？现在节省 30 分钟，直接去做单元测试、集成测试和系统测试。一旦系统出问题了，将花费 3~4 人天的成本去定位失败的原因。假设有 6 个组件被筛选出来作为嫌疑对象，每个组件都要由它的开发者做深入的检查。然后对每个组件花 30 分钟手工执行一些简单的测试用例。总之，30 分钟比 3~4 人天加上 6×30 分钟的成本要低。

Ledgard, H., *Programming Proverbs*, Rochelle Park, N.J.: Hayden Book Company, 1975, Proverb 21.

原则 98　代码审查
INSPECT CODE

软件的详细设计评审和代码审查，由 Michael Fagan 首次提出，论文标题为"通过设计和代码审查减少程序中的错误"["Design and Code Inspections to Reduce Errors in Program Development", IBM Systems Journal, 15, 3 (July 1976), pp. 182-211]。由此发现的错误，能占到所有被发现的软件错误的 82%。对于发现错误，代码审查比测试要好得多。定义完成审查的标准。记录追踪在代码审查中发现的各类问题。Fagan 提出的代码审查方法，大约会消耗 15% 的研发资源，可以带来总开发成本净减少 25%~30%。

你最初的项目计划就应该考虑到评审(及修正)每个组件的时间。你或许认为这对你的项目来说过于"奢侈"。然而，你不该将评审视为一种奢侈。有数据显示，这甚至可以为你减少 50%至 90%的测试时间。如果这都不能激励你进行代码审查，我不知道还能做什么。顺便说一下，关于如何做好代码审查，在参考资料中有大量的数据支持和建议。

Grady, R., and T. VanSlack, "Key lessons in Achieving Widespread Inspection Use" *IEEE Software*, 11, 4 (July 1994), pp. 46-57.

译者注

Code Inspect，即目前常说的 Code Review（代码审查）。所以在中文翻译中，提法统一改为"代码审查"。

原则99　你可以使用非结构化的语言
YOU CAN USE UNSTRUCTURED LANGUAGES

非结构化的代码打破了 Edsger Dijkstra 的建议，其要求对控制结构限制在 IF-THEN-ELSE、DO-WHILE、DO-UNTIL 和 CASE 几类。注意，使用一种没有这些控制结构的语言（如，汇编语言），也可以写出结构化的代码。可以在代码中增加结构化控制的注释，并限制 GOTO 语句只能用来实现这些控制结构。

为此，要首先使用上面所述的控制结构编写算法。然后，将它们转换为行内注释。接下来，将注释转换为等效的编程语言语句。GOTO 语句会被使用到，但它们将实现更好的控制结构，并且将促进而不是妨碍可读性、可维护性和可证明性。对于某些读者来说，这种建议似乎有些奇怪，但是经过一段时间的实践，它会变得很自然。

译者注

目前似乎只有在使用汇编语言的场景，才有可能用到这个原则。目前使用的绝大多数编程语言都已经是结构化的编程语言了。

原则 100　结构化的代码未必是好的代码

STRUCTURED CODE IS NOT NECESSARILY GOOD CODE

由 Edsger Dijkstra 提出的结构化编程的最初定义是为了便于程序证明。他推荐的结构（IF-THEN-ELSE、DO-WHILE，等）现在已经非常普遍（尽管还没有程序证明），以至于它们的使用现在被称为"编程"，而不是"结构化编程"。但需要注意的是，并非所有的"结构化"程序都是好的。一个人可以写出异常晦涩的程序，虽然它是结构化的。对高质量的程序，结构几乎是必要条件，但远不是充分条件。

Yourdon, E., *How to Manage Structured Programming*, New York: Yourdon, inc., 1976, Section 5.2.2.

原则101 不要嵌套太深
DON'T NEST TOO DEEP

嵌套 IF-THEN-ELSE 语句大大简化了编程逻辑。但是，嵌套超过三层就会严重降低可理解性。人类的头脑在变得混乱之前只能记住一定数量的逻辑。有很多简单的技巧可以用来减少嵌套。有关示例和技术，请参阅以下参考资料。

McConnell, S., *Code Complete*, Redmond, Wash.: Microsoft Press, 1993, Section 17.4.

原则 102　使用合适的语言
USE APPROPRIATE LANGUAGES

在帮助你完成工作的能力方面，编程语言之间的差异很大。特定项目或产品的目标通常会指定合适的语言。下面这些只是指南，而不是永恒的真理。

如果首要目标是可移植性，那么使用已被证明具有高度可移植性的语言（如 C、FORTRAN 或 COBOL）。如果首要目标是快速开发，那么就使用有助于快速开发的语言（4GL、BASIC、APL、C、C++、或 SNOBOL）。如果首要目标是低维护成本，那么使用具有许多内置、高质量特性的语言（如 Ada 或 Eiffel）。如果程序需要使用大量的字符串或复杂的数据结构，请选择支持它们的语言。如果产品必须由已有的一组懂得 X 语言的维护人员来维护，那么就使用 X 语言。最后，如果客户说"你应该用 Y 语言"，那么就用 Y 语言，否则你就做不成生意了。

McConnell, S., *Code Complete*, Redmond, Wash.: Microsoft Press, 1993, Section 3.5.

译者注
这里提到了很多现在可能已经不常用的编程语言（FORTRAN、COBOL、4GL、BASIC、APL、SNOBOL、Ada、Eiffel）。编程语言确实已经有了很大的发展。读者只需要理解和运用作者的思想就好，可以根据情况选择现在合适的编程语言。

原则 103　编程语言不是借口
PROGRAMMING LANGUAGES IS NOT AN EXCUSE

有些项目被迫使用不太理想的编程语言。这可能是由于希望降低维护成本（"我们所有的维护人员都懂 COBOL"）、快速编程（"我们用 C 的开发效率最高"）、确保高可靠性（"Ada 程序最少崩溃"）或实现高执行速度（"我们的程序对实时性要求很高，需要使用汇编语言"）。使用任何语言都能写出高质量的程序。事实上，如果你是一个好的程序员，对任何一种编程语言来说你都应该是一个好程序员（见原则104），尽管不太理想的编程语言可能会给你的工作增加一些困难。

Yourdon, E., *How to Manage Structured Programming*, New York: Yourdon, Inc., 1976, Section 5.2.5.

原则 104　编程语言的知识没那么重要

LANGUAGE KNOWLEDGE IS NOT SO IMPORTANT

不管使用哪种语言，优秀的程序员都是优秀的。不管使用哪种语言，糟糕的程序员仍然是糟糕的。不可能有一个人是"优秀的 C 程序员"，同时是"糟糕的 Ada 程序员"。如果他确实在 Ada 语言上表现得很糟糕，那大概率在 C 语言上也不会表现得很好！除此之外，一个真正优秀的程序员应该可以很容易地学会一种新语言。这是因为一个真正优秀的程序员很好地理解和赞赏高质量编程的概念，而不只是了解某些编程语言的语法和语义特性。

所以，为一个项目选择语言的首要驱动力应该是什么语言更合适（见原则 102），而不是程序员都在抱怨"我们只知道 C 语言"。如果由于项目选择了其他语言而导致一些人退出，那么这个项目很可能会更好！

Boehm, B., *Software Engineering Economics*, Englewood Cliffs, N.J.: Prentice Hall, 1981, Section 26.5.

原则 105　格式化你的代码
FORMAT YOUR PROGRAMS

使用标准的缩进规则，可大大提高程序的可读性。选择遵循哪种规则无关紧要，但一旦选择了，就要保持一致。

我遵循的规则是：让 THEN 和 ELSE 位于对应的 IF 的正下方，END 位于对应的 BEGIN 或者 DO 的正下方，等等。举例来说：

```
IF____
THEN      BEGIN
          _____
          _____
          END
ELSE      IF _____
          THEN _____
          ELSE _____
DO WHILE ()
          _____
          _____
END DO;
```

更多的例子见参考信息。顺便说一下，唯一比不一致的缩进更糟糕的，是不正确的缩进（例如，把 ELSE 和错误的 IF 或者 THEN 对齐）！为了避免意外的错误对齐，要使用市面上能找到的好打印机。

McConnell, S., *Code Complete*, Redmond, Wash.: Microsoft Press, 1993, Chapter18.

译者注
具体代码的缩进方式，请遵循团队内的编程规范，或遵循行业内的主流规范。

原则 106 不要太早编码

DON'T CODE TOO SOON

编写软件和盖房子类似。这两者都需要做很多准备工作。没有坚固稳定的混凝土地基，盖房子不会成功。没有坚固稳定的需求和设计作为基础，编码也不会成功。想一想当地基已经浇筑完成之后，对房子做修改有多么困难！

不要因为管理层想看到"进展"，就被迫过早编写代码。在设立基线前，要确认需求和设计是正确且合适的，在对最终产品编码前更要确认。附带说一下，不要从这个原则推断出原型试验的方法有问题（见原则 5、10、11、12、13）。在需求基线完成很早之前，试验性地编码没有错，只是不要认为这是最终的产品。针对本原则，Manny Lehman 提出了一个相反的观点：不要太晚编码！

Berzins, V., and Luqi, *Software Engineering with Abstractions*, Reading, Mass.: Addison-Wesley, 1991, Section 1.5.

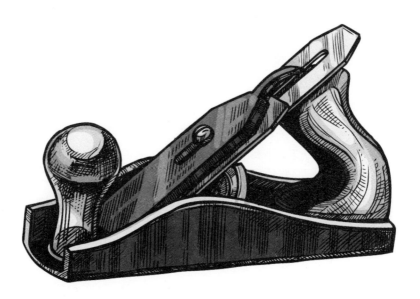

第 6 章 测试原则

测试是包含以下行为的集合:

1. 对独立的软件组件执行测试(即单元测试,Unit Testing),以确保其行为与组件设计规格说明中的定义足够接近。
2. 对执行过单元测试的组件集合执行测试(即集成测试,Integration Testing),以确保这些组件一起工作时的行为足够接近设计规格说明中的定义。
3. 对集成测试过的所有组件进行测试(即软件系统级测试,Software Systems-level Testing),以确保它们可以作为一个系统来运行,且行为足够接近软件需求规格说明中的定义。
4. 制订软件系统级测试的测试计划。
5. 制订软件集成测试的测试计划。
6. 制订单元测试的测试计划。
7. 建立测试装置(test harness)和测试环境(test environment)。

原则 107　依据需求跟踪测试
TRACE TESTS TO REQUIREMENTS

理解哪些测试可以验证哪些需求是很重要的。有如下两个原因：（1）在生成测试用例时，你会发现，了解是否所有需求都被测试用例所覆盖是很有用的。（2）在执行测试时，你会发现，了解正在验证哪些需求是很有用的。此外，如果你的需求已经被排了优先级（见原则 50），那么可以很容易得出测试的相对优先级；也就是说，一个测试的优先级是其对应的所有需求优先级的最大值。

维护一张大二进制表，其中行对应所有软件测试，列对应软件需求规格说明中的每个需求。任何值为 1 的位置表示此测试有助于验证此需求。注意，一整行都没有被置 1 表示此测试没有目的（即没有对应的需求），一整列都没有被置 1 表示该需求漏测。这张表的成功创建，取决于你唯一引用每个需求的能力（见原则 52）。

Lindstrom, D., "Five Ways to Destroy a Development Project," *IEEE Software*, 10, 5 (September 1992), pp. 55-58.

原则 108 在测试之前早做测试计划

PLAN TEST LONG BEFORE IT IS TIME TO TEST

通常，软件开发人员会先创建他们的软件产品，然后挠头说，"现在我们要如何测试这个玩意儿呢？"测试计划是一项重要的任务，必须与产品开发同时进行，以便同步完成测试计划和初始（即，预测试）开发活动。

对于软件系统测试，测试计划人员应在设定需求基线之前，从可测试性的角度对软件需求规格说明进行评审，并向需求编写者提供反馈。在设定需求基线后不久，应开始认真的测试开发。对于集成测试，测试计划人员应在对初步设计确定基线之前对其进行评审。他们还应该向项目经理和设计人员提供以下反馈：（1）合理的资源分配，以确保"正确的"组件（从测试的角度来看）以正确的顺序生产；（2）对设计的修改，以使设计本质上更容易测试。对初步设计确定基线后不久，应开始认真的集成测试开发。对于单元测试，可以在完成详细设计后立即开始制订单元测试计划。

Goodenough, J., and S. Gerhart, "Toward a Theory of Test Data Selection," *IEEE Transactions on software Engineering*. 1, 2 Oune 1975), pp. 156-173, Section IIIC.

原则 109　不要测试自己开发的软件
DON'T TEST YOUR OWN SOFTWARE

软件开发人员永远不应成为自己软件的主要测试者。开发人员比较适合进行初始调试（即自测）和单元测试。[相反的观点可参见 Mills, H., et al., "Cleanroom Software Engineering", in *IEEE Software*, 4, 5 (September 1987), pp. 19-25.] 在以下场景中，独立的测试人员是必要的：

1. 在开始集成测试之前，检查单元测试是否足够。
2. 所有集成测试。
3. 所有软件系统测试。

在测试期间，正确的态度是希望暴露 bug。开发人员怎么可能接受这种态度呢？如果测试人员带着不想发现 bug 的偏见，测试将变得更加困难。

Myers, G., *The Art of Software Testing*, New York: John Wiley & Sons, 1979, p. 14.

译者注

目前确实有新的倾向，由程序员来测试自己的代码。但本原则提到的因素依然值得考虑。一个能够充分对自己代码进行测试的程序员，需要能够把自己的视角切换到一个测试人员，并且有发现 bug 的足够欲望。

原则 110　不要为自己的软件做测试计划
DON'T WRITE YOUR OWN TEST PLANS

你不仅不应该测试自己的软件（见原则 109），而且也不应该负责为软件生成测试数据、测试方案或测试计划。如果你做了这些工作，那么可能会在测试生成中犯与软件创建中相同的错误。例如，如果你在设计软件时对合法输入的范围做了一个错误的假设，那么在生成测试计划时，很可能会做出同样的假设。

如果你是一名程序员或者设计人员，你的经理要求你编写测试计划，我建议你将生成测试计划的工作交给其他程序员或设计人员。如果你是需求工程团队的成员，同时还负责系统测试的生成，那么我建议将你的团队成员职责细分，以免有人对他自己编写的需求生成测试。

Lehman, M., private communication, Colorado Springs, Col.: Oanuary 24, 1994).

译者注
请参见原则 109 的译者注。

原则111 测试只能揭示缺陷的存在

TESTING EXPOSES PRESENCE OF FLAWS

无论测试得多么彻底和深入,测试只能揭示程序中存在缺陷,而并不能确保程序没有缺陷。它可以增加你对程序正确性的信心,但它不能证明程序的正确性。为了获得真正的正确性,必须使用完全不同的方法,即正确性证明。

Dijkstra, E., "Notes on Structured Programming," in *Structured Programming*, Dahl, O., et al., eds., New York: Academic Press, 1972.

原则 112　虽然大量的错误可证明软件毫无价值，但是零错误并不能说明软件的价值

THOUGH COPIOUS ERRORS GUARANTEE WORTHLESSNESS, ZERO ERROR SAYS NOTHING ABOUT THE VALUE OF SOFTWARE

这是杰拉尔德·温伯格（Gerald Weinberg）的"无差错谬论"（Absence of Errors Fallacy）。它真正地将测试纳入了视野。它还将所有的软件工程和管理纳入视野。本原则的第一部分显然是正确的，有很多错误的软件是没用的。第二部分则发人深省。它要表达的是：无论你多么努力地消除错误，除非你在开发正确的系统，否则你都是在浪费时间。Akao 的 *Quality Function Deployment*（Cambridge, Mass.: Productivity Press, 1990）一书中详细介绍了一种方法，用于确保你在整个软件生命周期中开发正确的系统。本原则的一个推论是，如果你在开发错误的系统，那么世界上所有的形式化方法、所有的测试和所有的产品保证都将于事无补。

Weinberg, G., *Quality Software Management*, Vol. 1: Systems Thinking, New York: Dorset House, 1992, Section 12.1.2.

译者注

[1] 杰拉尔德·温伯格（Gerald Weinberg），美国杰出的专业作家和思想家，其研究主题主要集中在两个方面：人与技术的结合；人的思维模式、思维习惯以及解决问题的方法（引自百度百科）。

[2] Akao，即 Yoji Akao（赤尾洋二），是一名日本规划专家。详细介绍请参见链接 8。

原则113 成功的测试应发现错误
A SUCCESSFUL TEST FINDS AN ERROR

我经常听到测试人员兴高采烈地宣布，"好消息!我的测试成功了，程序运行正常"。这是运行测试时的错误态度。[这也印证了程序员永远不要测试自己的软件的观点（见原则109）。] 一种更有建设性的态度是，通过测试来发现错误。因此，成功的测试是能够发现错误的测试。以医学测试为例，看看类似的情况。假设你感觉生病了，医生把你的血样送到实验室。几天后，医生打电话告诉你，"好消息！你的血液正常"。这不是什么好消息。你病了，否则不会去看医生的。一次成功的血液检测应该报告你到底有什么问题。软件是有缺陷存在的（不然你不会测试它）。一个成功的测试会报告这些错误是如何表现出来的。

在生成测试计划时，你应该根据发现错误的可能性来选择测试（即优先执行容易发现错误的用例）。在测试软件时，衡量测试小组的工作，应该根据多么善于发现错误，而不是根据多么拙于发现错误。

Goodenough, J., and S. Gerhart, "Toward a Theory of Test Data Selection," *IEEE Transactions on Software Engineering*, 1, 2 (June 1975), pp. 156-173.

原则 114　半数的错误出现在 15%的模块中
HALF THE ERRORS FOUND IN 15 PERCENT OF MODULES

保守估算，在大型系统中，大约一半的软件错误出现在 15%的模块中，80%的软件错误出现在 50%的模块中。Gary Okimoto 和 Gerald Weinberg 的结论更引人注目，80%的错误是在仅仅 2%的模块中发现的（参见 Weinberg 的《质量 软件 管理》一书，Quality Software Managetnent, Vol. 1: Systems Thinking, New York: Dorset House, 1992）。因此，在测试软件时，你可以这样认为，在发现了错误的地方，很可能会发现更多的错误。

要维护日志（指测试日志），不仅要记录在项目的每个时间段内发现了多少个错误，还要记录在每个模块发现了多少个错误。当历史表明一个模块非常容易出错时，你最好从头开始重写它，着重于简洁（见原则 67），而不是显示自己的聪明。

Endres, A., "An Analysis of Errors and Their Causes in System Programs," *IEEE Transactions on Software Engineering*, 1, 2 (June 1975), pp. 140-149.

原则 115 使用黑盒测试和白盒测试
USE BLACK-BOX AND WHITE-BOX TESTING

黑盒测试使用组件外部行为的定义作为其唯一输入。必须要确定，软件是否做了应做的事情，以及没有做不应该做的事情。白盒测试使用代码本身来生成测试用例。这样白盒测试可能会要求，例如，长度为 50 条指令或更少的程序的所有路径都必须被覆盖（见原则 122）。但是请注意，即使同时使用黑盒测试和白盒测试，测试也只能利用输入域中的很小一部分可能的数据值（见原则 111）。

为了说明黑盒测试和白盒测试是如何相辅相成的，让我们看一个示例。假设程序的定义规定，应该打印输入列表中所有数字的总和。而编写的程序会等待一个 213 的输入，如果出现了，则把总和设为 0。由于这不在程序的定义中，除偶然情况（即，碰巧选择一个包含 213 的随机测试用例）之外，无法通过黑盒测试找到这个错误。白盒测试将要求对执行路径进行更充分的测试，因此很可能会检测到 "213" 的情况。通过组合使用黑盒测试和白盒测试，你可以最大化测试的效果。两者各自都不能做到全面的测试。

Dunn, R., *Software Defect Remova*l, New York: McGraw-hill, 1984, Section 7.4.

原则 116　测试用例应包含期望的结果
A TEST CASE INCLUDES EXPECTED RESULTS

一个测试用例的文档必须包含期望的正确结果的详细描述。如果这点被忽略，测试者无法判断软件是成功还是失败。而且，测试者可能会把一个错误的结果评估为正确的，因为潜意识里总是希望看到正确的结果。更坏的情况是，测试者可能会把正确的结果评估为错误的，导致设计者和开发者一阵忙乱就为了"修复"正确的代码。

要为测试计划设定组织标准，其中应要求对测试用例期望的中间结果和最终结果进行文档说明。质量保证团队应该确认所有测试计划遵从这个标准。

Myers, G., *The Art of Software Testing*, New York: John Wiley & Sons, 1979, p. 12.

原则 117 测试不正确的输入
TEST INVALID INPUTS

为尽可能多的可接受的输入情况生成测试用例,是自然和常见的做法。同样重要但是不太常见的是,为所有不正确或者非期望的输入生成大量的测试用例。

举个简单的例子,假设我们要写一个程序来为 0 到 100 范围内的整数列表排序。测试的列表应该包含:一些负数、全部相等的数字、一些非整型的数字、一些字符数据、一些空的记录,等等。

Myers, G., *The Art of Software Testing*, New York: John Wiley & Sons, 1979, p. 14.

原则 118　压力测试必不可少
ALWAYS STRESS TEST

当面对"正常"负载的输入或刺激时，软件设计通常表现得很好。对软件的真正测试是，在面对极限的负载时，它是否可以保持正常运行。这些极限的负载通常在需求文档中被说明为"最多 x 个同时运行的组件（widget）"或者"每小时最多产生 x 个新的组件"。

如果需求文档规定了软件每小时最多能够处理 x 个组件，那么你必须验证软件能做到。事实上，你不仅应该测试让它处理 x 个组件，还应该让它处理 x+1 或者 x+2（或者更多）个组件，看看会发生什么（见原则 58）。毕竟系统不能控制它所处的环境，而你也不会希望，在环境以意想不到的方式"失灵"的时候软件会崩溃。

Myers, G., *The Art of Software Testing*, New York: John Wiley & Sons, 1979, pp. 113-114.

原则 119 大爆炸理论不适用
THE BIG BANG THEORY DOES NOT APPLY

在一个项目接近交付期限，而软件还没有准备好的时候，开发者往往充满绝望的情绪。假设排期要求两个月的单元测试时间，两个月的集成测试时间，以及两个月的系统测试时间。现在距离计划的交付日期还有一个月。假设 50%的组件已经完成了单元测试。通过简单的计算可以得知，你落后进度 5 个月。你现在有两个选择：

1. 向你的客户承认 5 个月的延误：请求推迟交付。
2. 把所有组件集成到一起（包括 50%尚未进行单元测试的组件），期盼有好的结果。

在第一种情况中，你可能是在过早地承认失败。在你的经理眼中，你可能在竭尽全力解决问题之前就放弃了。在第二种情况中，可能存在 0.001%的机会，当你把所有组件集成在一起时，它能够正常运行并如期交付。项目经理往往屈服于后者，因为这看起来似乎他们在承认失败之前竭尽全力。不幸的是，这很可能会让你的排期再延长 6 个月。你不能通过忽略单元测试和集成测试来节省时间。

Weinberg, G., *Quality Software Management*, Vol. 1: System Thinking, New York: Dorset House, 1992, Section 13.2.3.

原则 120　使用 McCabe 复杂度指标

USE MCCABE COMPLEXITY MEASURE

虽然有很多度量方法可以用来报告软件的内在复杂度，但是没有一个像 Tom McCabe 用于衡量测试复杂度的圈数法那样直观和易用。虽然不是绝对可靠，但是它可以相对一致地预测测试难度。只要为你的程序画一张图，其中节点对应连续的指令序列，边对应非连续的控制流。McCabe 的指标通过简单计算 $e-n+2p$ 获得。其中 e 是边的数量，n 是节点的数量，而 p 是你要检查的独立图的个数(一般都是 1)。这个指标还可以用曲奇刀的类比来计算：想象一下，把形状像你的程序图的曲奇刀按压到铺开的面团上。产生的曲奇数量（图中区域的数量）就是 $e-n+2p$。这么简单的方法，没有理由不使用它吧。

对每一个模块使用 McCabe 方法来帮助评估单元测试的复杂度。另外，把它用在集成测试这个级别上，每个过程是一个节点，每个调用路径是一条边，这样可以帮助评估集成测试的复杂度。

McCabe, T., "A Complexity Measure", *IEEE Transactions on Software Engineering*, 2, 12 (December 1976), pp. 308-320.

译者注

[1] 本原则中提到的方法常被称为"圈复杂度"。在一些代码检查工具中，提供了圈复杂度的检查能力。可以进一步查看百度百科中的说明。

[2] McCabe 先生是始创于 1977 年的美国 McCabe 公司的创始人，他同时也是一位数学家。他在业界第一个提出了软件度量方法，在如何持续改进软件质量方面提出了处于领导地位的方法论，从而享誉世界（来自百度百科）。

原则121 使用有效的测试完成度标准
USE EFFECTIVE TEST COMPLETION MEASURES

很多项目都在时间到期的时候宣布测试结束。这么做从政治角度来说是有意义的,但却是不负责任的。在做测试计划的时候,应该定义一个标准,以决定测试什么时候完成。如果在时间到期时没有达到目标,你仍然可以选择是交付产品还是错过里程碑,但至少你要清楚自己是否交付了一个高质量的产品。

有效度量测试进度的两个想法是:

1. 每周发现新错误的比率。
2. 暗中在软件中埋下已知的 bug(Tom Gilb 管这个叫 bebugging)后,这些 bug 到目前为止被发现的百分比。

对于测试进度的一个无效指标是测试用例通过的百分比(当然除非你确定测试用例很好地覆盖了需求)。

Dunn, R., *Software Defect Removal*, New York: McGraw-Hill, 1094, Section 10.3.

原则 122　达成有效的测试覆盖
ACHIEVE EFFECTIVE TEST COVERAGE

尽管测试不能证明正确性，但是做一个全面的测试还是很重要的。在测试计划生成或测试执行阶段，有一些指标可以用来确定代码执行测试的全面程度。这些指标易于使用，并且有工具用来监控测试覆盖水平。一些例子包括：

1. 语句覆盖率，用于衡量至少执行一次的语句的百分比。
2. 分支覆盖率，用于衡量程序中被执行的分支的百分比。
3. 路径覆盖率，用于衡量所有可能的路径（通常是无限的）覆盖程度。

需要记住的是，虽然"有效"覆盖比零覆盖要好，但别自欺欺人地认为程序在任何定义下都是"正确的"（见原则 111）。

Weiser, M., J.Gannon, and P. McMullin, "Comparison of Structural Test Coverage Metrics," *IEEE Software*,2,2 (March 1985), pp.80-85.

原则 123　不要在单元测试之前集成
DON'T INTEGRATE BEFORE UNIT TESTING

正常情况下，各个组件是被分别进行单元测试的。当它们通过各自的单元测试之后，一个单独的团队将它们集成到有意义的集合中，用以测试它们的接口。没有单独完成单元测试的组件常常会被集成到子系统中，以徒劳地追赶落后的进度。这些尝试实际上会造成更多的进度延后。这是因为，子系统无法满足集成测试计划，可能是由于接口的错误，也可能是由于一个事先没经过测试的组件的错误。而很多时间要被花费在确定哪一个是真正的原因上。

如果你在管理一个项目，那么可以做很多事来避免这种情况的发生。首先也是最重要的是，尽早制订一个集成测试计划（比如，在高层设计完成之后不久）。这个计划应该明确哪些组件是最重要的，应该最先被集成，以及组件应该以什么顺序被集成。一旦你把这些写下来，就要将适合的资源分配给高优先级的组件进行编码和单元测试，以确保集成测试者不用花费过多的时间空闲等待。其次，当发现集成测试的重要组件无法在需要的时候达到可用时，就让集成测试人员开始开发临时**脚手架软件**来模拟缺失的组件。

Dunn, R., *Software Defect Removal*, New York: McGraw-Hill, 1094, Section 10.3.

原则 124　测量你的软件
INSTRUMENT YOUR SOFTWARE

测试软件的时候，往往很难确定为何软件会失败。一个发现原因的方法是测量你的软件，也就是，将特殊的指令嵌入软件，用以报告执行轨迹、异常状况、过程调用等。当然，如果你的调试系统提供了这类能力，就不用手动测量了。

Huang, J., "Program Instrumentation and Software Testing," *IEEE Computer*, 11, 4 (April 1978), pp. 25-32.

原则 125 分析错误的原因
ANALYZE CAUSES FOR ERRORS

错误在软件中是很常见的,我们会花费大量的资源来发现和修复它们。从一开始就防止错误的发生,从而降低它们的影响,是更划算的。为此的一个方法是,当检测到错误的时候,分析错误的原因。错误的原因应该被告知给所有开发者,这么做是基于一个理念:如果一类错误的原因我们已经全面地分析和研究过了,那么就不那么容易再犯同类的错误了。

当一个错误被发现时,有两件事要做:(1)分析它的原因,(2)修复它。对于错误的原因,要尽可能全面地进行记录。这并不仅包括技术问题,类似"在使用传入参数之前,我应该检查它们的正确性"或者"在交给集成测试之前,我应该确认,应该执行循环 n 次还是 $n-1$ 次"。同时还包括管理问题,类似"我应该在单元测试之前手动检查一下"或者"如果当 Ellen 想检查我的设计是否满足全部需求的时候,我允许了,那么……"在收集所有这些信息之后,通知所有人,让每个人都知道是什么原因引起了错误,这样,这类知识就可以更广泛地传播,这类错误就会更少地发生。

Kajihara, J., G.Amamiya, and T. Saya, "Learning from Bugs", *IEEE Software*, 10, 5 (September 1993), pp.46-54.

原则 126　对"错"不对人
DON'T TAKE ERRORS PERSONALLY

编写软件需要的细节和完善程度，是任何人都无法达到的。我们应该致力于不断进步，而不是尽善尽美。当你或他人在你的代码中发现错误时，公开坦诚地讨论它。与其责骂自己，不如将它当作自己和他人的学习经历（见原则 125）。

Gerhart, S., and L. Yelowitz, "Observations of Fallibility in Applications of Modern Programming Methodologies," *IEEE Transactions on Software Engineering*, 2, 3 (September 1976), pp. 195-207, Section I.

第 7 章　管理原则

MANAGEMENT PRINCIPLES

管理是围绕软件开发的所有工程活动，是进行计划（plan）、控制（control）、监视（monitor）和报告（report）的一组活动。

原则 127　好的管理比好的技术更重要
GOOD MANAGEMENT IS MORE IMPORTANT THAN GOOD TECHNOLOGY

好的管理能够激励人们做到最好，糟糕的管理会打击人们的积极性。所有伟大的技术（CASE 工具、技术、计算机、文字处理器等）都弥补不了拙劣的管理。好的管理，即使是在资源匮乏的情况下，也能产生巨大的效果。成功的软件初创公司，不是因为它们有强大的流程或者强大的工具（或与此相关的优秀产品）而成功。大多数的成功都源于成功的管理和出色的市场营销。

作为一个管理者，你有责任做到最好。对于管理，没有一个普遍的"正确"的风格。管理风格必须适应于场景。在某种情形下，你是一个独裁者；仅仅几分钟后，在另外一个场景中，你又变为基于共识的领导者，这对一个成功的领导者来说并不是罕见的事情。有些管理风格是与生俱来的，有些是靠后天学习培养的。如果有必要，可以阅读书籍，并参加关于管理风格的短期培训。

Fenton, N., "How Effective Are Software Engineering Methods?" *Journal of Systems and Software*, 22, 2 (August 1993), pp. 141-146.

译者注

CASE，为计算机辅助软件工程（Computer Aided Software Engineering）。

原则 128　使用恰当的方法
USE APPROPRIATE SOLUTIONS

技术问题需要使用技术的方法。管理问题需要使用管理的方法。政治问题需要使用政治的方法。切忌用不恰当的方法来解决问题。

原则 129 不要相信你读到的一切

DON'T BELIVE EVERYTHING YOU READ

一般来讲，相信特定想法的人，会搜索支持这个想法的数据，而抛弃不支持的数据。要说服处于某个位置的某人，显然会使用支持的数据，而不是不支持的数据。当你读到，"使用'X方法'，你也可以实现高达 93% 的开发效率（或质量）的增长"，这个方法可能真的取得了这样的结果。但是，这也很可能是一个例外。在大多数情况下，大多数项目很少会经历戏剧性的结果，而有些项目甚至可能会因使用"X方法"而减产。

Fenton, N., "How Effective Are Software Engineering Methods?" *Journal of Systems and Software*, 22, 2 (August 1993), pp. 141-146.

原则 130 理解客户的优先级
UNDERSTAND THE CUSTOMERS' PRIORITIES

很有可能的是,如果客户能按时获得必需的 10% 的系统功能,那么他们可以忍受其余 90% 的功能延迟交付。原则 8 的推论更令人震惊,但很有可能就是这样的。一定要弄明白!

当你和客户沟通时,一定要确保你知道客户的优先级。这些可以很容易地记录在需求规格说明中(见原则 50),但真正的挑战是,理解可能不断变化的优先级。此外,你必须理解客户对于"必要"(essential)、"期望"(desirable)和"可选"(optional)的说明。他们真的会对一个不满足任何期望和可选需求的系统感到满意吗?

Gilb, T., "Deadline Pressure: How to Cope with Short Deadlines, Low Budgets and Insufficient Staffing Levels," in *Information Processing*, H.J. Kugler, ed., Amsterdam: Elsevier Publishers, 1986.

	管理者和工程师的质量	
	是	否
流程、工具和语言的质量 是	√	×
流程、工具和语言的质量 否	√	×

原则 131　人是成功的关键
PEOPLE ARE THE KEY TO SUCCESS

具备合适经验、才能、培训的能人，是在预算内按时完成满足用户需求的软件的关键。即使没有足够的工具、语言和流程，有合适的人也会成功。即使有合适的工具、语言和流程，没有合适的人（或者有合适的人，但没有足够的培训或者经验）也很可能会失败。根据构造性成本模型（COCOMO）（见 Boehm, B., *Software Engineering Economics*, Englewood Cliffs, N.J.: Prentice Hall, 1984）估算，最优秀的人的效率是普通人的四倍。如果最优秀的人花费四倍的薪水，你可以做到收支平衡，那么雇佣他们是值得的，因为最终你很可能会得到一个更好的产品（见原则 82）。如果他们的花费没有那么多，你降低了成本，还得到了更好的产品。这是双赢。

在面试候选人时，记住，人才质量是无法替代的。在面试完两个人后，公司 HR 经常说，"面试者 x 比 y 更好，但是 y 已经足够好了，并且成本更低"。你不可能有一个全明星阵容的组织，但是，除非你现在拥有的超级明星过多，否则雇佣这些明星吧！

Weinberg, G., *The psychology of Computer Programming*, New York: Van Nostrand Reinhold, 1971, Chapters 6-7.

原则 132　几个好手要强过很多生手

A FEW GOOD PEOPLE ARE BETTER THAN MANY LESS SKILLED PEOPLE

本原则与原则 131 是一致的。原则 131 说，你应该总是雇佣最好的工程师。本原则想说：对于一个关键任务，你最好只安排少数有足够经验的工程师，而不是安排许多没有经验的工程师。这就是 Don Reifer 的"管理原则第 6 条"。另外，Manny Lehman 警告说，你不能完全依赖"少数优秀的人"。如果他们离职了呢？最好的建议是，在一个项目中建立合适的人员配比，并且切忌不要向两个极端发展。

Reifer, D., "The Nature of Software Management: A Primer", *Tutorial: Software Management*, D. Reifer, ed., Washington, D.C: IEEE Computer Society Press, 1986, pp. 42-45.

译者注

[1] Don Reifer，是一位软件工程方面的专家，拥有 40 年以上的工作经验，已出版 9 本专著。详情请参见链接 9。

[2] Manny Lehman，是一位计算机科学家，1989 年获得英国皇家工程学院院士。详情请参见链接 10。

原则133　倾听你的员工

LISTEN TO YOUR PEOPLE

你必须信任那些为你工作的人。如果他们不值得信赖（或者你不信任他们），你的项目将会失败。如果他们不信任你，你的项目也将会失败。你的员工很快就能看出你不信任他们，就跟你能很快发现你的老板不信任你一样。

信任的第一个原则就是倾听。有很多机会去倾听你的员工的声音：当他们来你的办公室说他们遇到的问题时，当你需要从他们那里获取软件开发的评估时，当你在做"走动管理"时。不论你的员工何时向你诉说，你都应该倾听（listen）并且听取（hear）。他们认为跟你汇报的都是重要的事情，否则他们也不会告诉你。有很多方法可以让他们知道你在倾听：眼神交流、恰当的身体语言、"复述"你自认为听到的内容、提出合适的问题来获取更多信息，等等。

Francis, P., *Principles of R&D Management*, New York: AMACOM, 1977, pp. 114-116.

译者注

走动管理，Managing By Walking Around（MBWA），指管理人员通过随机非正规的走动方式，来了解工作状态的管理方式。详情请参见链接11。

原则 134　信任你的员工
TRUST YOUR PEOPLE

一般来讲，如果你信任你的员工，他们就是可信赖的。如果你不太信任他们，那么他们会给你不要去信任他们的理由。当你信任别人，而且也没有给他们理由不信任你时，他们也会信任你。相互信任是成功管理的要素。

当你的某个员工说，"我今天下午 2 点可以离开吗？之后我将在周末多工作几个小时"，你应该回答，"当然可以"。你没什么损失，而且还得到了员工对你的忠诚与尊敬。成为一个坏人的机会远远比成为一个好人的要多。抓住每个能让你成为好人的机会。或许几周后，你就会需要员工多工作几个小时来完成一个你需要完成的工作。

McGregor, D., *The Human Side of Enterprise*, New York: McGraw-Hill, 1960.

原则 135 期望优秀
EXPECT EXCELLENCE

如果你对员工有更高的期待，他们将表现得更好。沃伦·本尼斯（Warren Bennis）的研究证明：你期望的越多，获得的成就就越大（显然有一定限制）。在许多试验中，来自不同背景的组员被划分为两个有着一致目标的小组：一个小组被期望是优秀的，另一个小组被期望是平庸的。在所有试验中，被期望优秀的组都表现得比另一组好。

有很多方法可以展现你对优秀的期望：成为表率（努力工作、为你的努力成果感到骄傲、工作期间不要玩电脑游戏）。为你的员工提供教育培训福利，以帮助他们达到最佳状态。奖励出色的行为（但请参见原则 138）。指导、辅导、劝勉并尝试激励表现比较差的人向拥有更好的工作产出和习惯转变。如果你（或者他们）失败了，在你的组织或者公司中，为他们寻找更多其他合适的机会。如果任何尝试都失败了，那就帮他们在外面再找个工作吧。你不能让他们待在一个不合适的工作岗位，但是你也必须要表现出同情。如果你让他们放任自流，你的产品将会是低质量的，并且你的其他员工将会觉得不佳的表现是可以接受的。

Bennis, W., *The Unconscious Conspiracy: Why Leaders Can't Lead*, New York: AMACOM, 1976.

译者注
沃伦·本尼斯（Warren Bennis），是美国当代杰出的组织理论、领导理论大师。详情请参见链接 12。

原则 136　沟通技巧是必要的
COMMUNICATION SKILLS ARE ESSENTIAL

在为你的项目招募成员时,不要低估团队合作和沟通的重要性。如果他/她不能沟通、说服、倾听和妥协,最好的设计师也可能会变成差劲的资产。

Curtis, B., H. Krasner, and N. Iscoe, "A Field Study of the Software Design Process for Large Systems", *Communications of the ACM*, 31, 11 (November 1988).

原则 137　端茶送水
CARRY THE WATER

当你的员工要工作很长时间来完成软件工程的工作时,你应该工作相同的时间。这样就树立了正确的榜样。如果你的员工知道你会和他们共同面对困境,那他们会愿意付出努力并且出色地完成工作。我的第一位工业界经理,汤姆林森·劳舍尔,正是这么做的。这对我们的态度的影响重大。在多次危机中,汤姆扮演"为他的员工效劳"的角色。这确实有效。

如果你不能帮助解决工作中的问题,可以让员工感受到你能够跑腿、订比萨、拿苏打水及任何他们需要的事情。给他们惊喜!在午夜给他们带比萨。

Rauscher, T., private communication, 1977.

原则 138　人们的动机是不同的
PEOPLE ARE MOTIVATED BY DEFFERENT THINGS

这可能是我学习成为一名管理者的过程中最大的教训。我曾经错误地认为,能够打动员工的东西和打动我的东西是一样的。我记得有一年,为了能够公平地分配加薪,我努力思考如何处理加薪池。我特别希望对干得好的员工大幅加薪,以激励他们更加努力地工作。当我向某个员工第一次提出加薪时,他说:"谢谢,但是我真正需要的是一台更快的电脑"。

有时要搞清激励个人时哪里用萝卜、哪里用大棒并不容易。众所周知,人各不同,负面或正面的激励都可能起作用,但是正面的激励经常被管理层忽视。要找出激励个人的因素,一个比较好的方法就是倾听(见原则 133)。剩下的可能就是反复试验,不过不论你做什么,不要因为害怕选错而减少奖励。

Herzberg, F., "One More Time: How Do You Motivate Employees" *Harvard Business Review* (September-October 1987).

原则 139　让办公室保持安静
KEEP THE OFFICE QUIET

最有效率的员工和公司都拥有安静和私密的办公区。他们把电话静音或者设置呼叫转移。他们隔绝于日常的、非工作事项的干扰。与此相反，通常工业界朝着开放、美观的办公室风格发展，这降低了设施的花销，但也显著降低了开发效率和质量。当然，通常的管理理论可能说，这样的安排可以"便于沟通"。这不是真的！这样的安排"便利了干扰和噪声"。

DeMarco, T., and T. Lister, *Peopleware*, New York: Dorset House, 1987, Chapter 12.

译者注

虽然越来越多的公司使用开放的办公区布局，以增强研发人员之间的沟通，但保持编码或设计时的安静环境仍然是一种很强的需求。在某些资料中，建议使用降噪耳机达到类似的目的。

原则 140　人和时间是不可互换的
PEOPLE AND TIME ARE NOT INTERCHANGEABLE

只用"人月"来衡量一个项目几乎没有任何意义。如果一个项目能够由 6 个人在 1 年内完成,是不是意味着 72 个人能在一个月内完成呢?当然不是!

假设你有 10 个人在做一个预期 3 个月完工的项目。现在你认为你将比计划晚 3 个月完工,也就是说,你预估需要 60 人月(6 个月×10 个人)。你不能增加 10 个人并期望项目按计划进行。实际上,很可能因为额外的培训和沟通成本,再增加 10 个人会使项目更进一步延期。这个原则通常叫作布鲁克斯定律(Brooks' Law)。

Brooks, F., *The Mythical Man-Month*, Reading, Mass.: Addison-Wesley, 1975, Chapter 2.

译者注

本原则由 Frederick P. Brooks 在《人月神话》(*The Mythical Man-Month*)中提出。Brooks 以领导开发 IBM 的大型计算机的 System/360 和 OS/360 操作系统而闻名。1999 年,Brooks 因其在计算机体系结构、操作系统和软件工程领域划时代的贡献而获得图灵奖。

原则141 软件工程师之间存在巨大的差异
THERE ARE HUGE DIFFERENCES AMONG SOFTWARE ENGINEERS

从最好的软件工程师到最差的软件工程师，研发效率（按每人每月完成的代码行来衡量）可能相差 25 倍之多，质量（按每千行代码中发现的错误量来衡量）可能相差 10 倍之多。

Sackman, H., et al., "Exploratory Experimental Studies Comparing Online and Offline Programming Performance", *Communications of the ACM*, 11, 1 (January 1968), pp. 3-11.

原则 142　你可以优化任何你想要优化的
YOU CAN OPTIMIZE WHATEVER YOU WANT

任何项目都可以优化任何要优化的"质量"因素。在优化任何一个因素时，通常会弱化其他"质量"因素。在 G. Weinberg 和 E. Schulman 主导的具有里程碑意义的试验中，五个软件开发团队被赋予相同的需求，但每个团队都被告知要优化一些不同的东西：开发时间、程序大小、使用的数据空间、程序清晰度和用户友好性。除了一个团队之外，其他所有团队开发的程序从被要求优化的属性角度评价都为最佳。

如果你告诉你的员工一切（例如，工期、大小、可维护性、性能和用户友好性）都同等重要，那么任何地方都不会被优化。如果你告诉他们只有一两个很重要，而其余的不重要，那么只有重要的地方会得到改善。如果你给他们一个通用的优先级排序，该排序可能不适用于项目中的所有情况。事实是，在产品开发过程中，有很多选择——不同的权衡——不得以而进行取舍。与你的员工一起工作，并帮助他们了解你和你的用户的优先级。

Weinberg, G., and E. Schulman, "Goals and Performance in Computer Programming," *Human Factors*, 16 (1974), pp. 70-77.

原则 143 隐蔽地收集数据
COLLECT DATA UNOBTRUSIVELY

数据收集在以下方面极为重要：帮助进行未来的成本预测，评估项目或组织的当前状态，评估管理、过程或技术变更的影响等。另外，以别人不情愿的方式收集数据是没有意义的（比如，需要软件开发人员做大量额外的工作），因为这种收集方式会影响数据本身。此外，从不想提供此类数据的开发人员那里获取数据可能会毫无用处，因为不合作的开发人员不太可能提供有意义的数据。

收集数据的最佳方法是自动进行，这样开发人员不会感到被干扰。显然，你不能在所有时间对所有数据都这么做，但是应尽可能自动地执行数据收集。

Pfleeger, S., "Lessons Learned in Building a Corporate Metrics Program", *IEEE Software* 10, 3 (May 1993), pp. 67-74.

原则 144　每行代码的成本是没用的
COST PER LINE OF CODE IS NOT USEFUL

给定一组特定的要求，我们可以选择以多种语言中的任何一种来实现程序。与选择非常低级的语言相比，选择高级的语言将花费更少的时间（见原则 152）。因此，使用高级语言时，总开发成本将大大降低。但是，由于软件开发的固定成本（例如，用户文档、需求和设计），如果我们选择高级语言，每行代码的成本实际上会增加！Capers Jones 通过一个与制造业的类比很好地解释了这一点：随着生产元件的数量的降低，元件的单位成本会上涨，因为现在固定成本必须要由更少的元件分摊。

Jones, C., *Programming Productivity*, New York: McGraw-Hill, 1986, Chapter 1.

原则 145　衡量开发效率没有完美的方法
THERE IS NO PERFECT WAY TO MEASURE PRODUCTIVITY

定义开发效率，两种最常用的方法是每人每月的源代码行数（SLOC, Source Lines Of Code）和功能点数（FP, Function Points）。但是，两者都有问题。在大多数工程或制造领域，用源代码行数（SLOC）来衡量乍看起来不错，因为产出越多越好。然而，如果你有两个程序实现相同的功能，一个程序的大小是另一个的两倍，并且两个程序都具有相同的质量（当然，除了大小），那么较小的程序会更好。功能点数（FP）似乎能解决这个问题，因为它们不是衡量解决方案的复杂性，而是（通过对需求规格说明的分析来）衡量问题的复杂性。但是这里也存在一个问题。假设两个需求规格说明在各个方面都是相同的，除了一个说，"如果系统崩溃，全人类将被摧毁"，另一个说，"如果系统崩溃，两个五岁的孩子将轻微感觉不便"。显然，前者是一个更加困难的问题，因此其开发效率应该比后者低得多。有一些公开的技术可以将代码行数估计值转换为功能点数估计值，反之亦然。显然，任何一个都不能比另一个拥有持续的优势。

接受这个事实：十全十美是不可能的。使用开发效率度量和成本估算模型来确认你的直觉和你的亲身经验。永远不要将它们作为唯一的衡量方法。

Fairley, R., "Recent Advances in Software Estimation Techniques," *14th IEEE International Conference on Software Engineering*. Washington, D.C.: IEEE Computer Society Press, 1992.

原则 146　剪裁成本估算方法
TAILOR COST ESTIMATION METHODS

许多成本估算方法可花钱获得。每种方法都基于从大量已完成项目中收集的数据。这些方法中的任何一种都可以用于为软件开发生成大致的估算。要使用它们生成更准确的估算，必须针对工作环境进行剪裁。这种剪裁使模型适应你的人员和应用类型，消除在你的环境中不变的变量，增加在你的环境中影响开发效率的变量。

在 Barry Boehm 的《软件工程经济学》(*Software Engineering Economics*) 中，第 29 章详细说明了如何根据环境剪裁构造性成本模型 (COCOMO)。其他成本估算方法也提供了类似的剪裁指南。你必须完全接受这种剪裁的精神，否则最终会得出不准确的结果。

Boehm, B., *Software Engineering Economics*, Englewood Cliffs, N.J.: Prentice Hall, 1981, Section 29.9.

原则 147 不要设定不切实际的截止时间
DON'T SET UNREALISTIC DEADLINES

不可避免的结局是,一个不切实际的截止日期将无法保证完成任务。设立这样的截止日期会削弱士气,将使你的员工不信任你,造成高离职率,还会产生其他不良影响。这些因素使不切实际的截止日期更加无法实现。绝大部分软件项目的完成都远远超出预算,并且大大超出了计划的完成日期。为了满足日程表的约束,产品质量通常会降低,这会损害整个软件行业的信誉。问题通常不在于软件工程师的生产力低下或经理的管理不善,问题在于预先做出的计划很差。

DeMarco, T., "Why Does Software Cost So Much?" *IEEE Software*, 10, 2 (March 1993), pp.89-90.

原则 148　避免不可能
AVOID THE IMPOSSIBLE

这似乎是显而易见的建议。另外，许多项目承诺按时交付产品，这是 100％不可能的。Barry Boehm 将"不可能的区域"（impossible region）定义为：预期的产品开发时间与需要消耗的人月数之间的关系。具体来说，从编写软件需求规格说明到交付产品所花费的时间不会少于 2.15 乘以人月数的立方根，即：

$$T > 2.15 \sqrt[3]{PM}$$

所有已完成的项目中有 99％遵守了该规则。是什么让你认为自己可以做得更好？如果你仍然认为你可以做更好，请参阅原则 3、19、158 和 159。

Boehm, B., *Software Engineering Economics*, Englewood Cliffs, N.J.: Prentice Hall, 1981, Section 27.3.

原则149 评估之前先要了解
KNOW BEFORE YOU COUNT

Gerald Weinberg（*Rethinking Systems Analysis and Design*, New York: Dorset House, 1988, p.32）很好地阐明了这一原则："在你可以评估任何事情之前，你必须先了解一些东西"。他谈论的是，许多人在评估软件中的东西，但不知道他们在评估什么。他提供了一个很好的例子。我们有一些数据，是关于软件界中有多大比例是做维护工作而非开发工作的。但是我们可以识别什么是维护工作吗？将完全替代已有系统的"新"开发工作视为维护还是开发工作呢？对现有系统的"修改"即成倍增加现有功能并删除了95％的旧功能，被视为维护还是开发？

当为你的项目选择指标时，请确保你在测量的与你要实现的目标有关。[请参阅1993年9月 *IEEE Software* 的 Manager Column（管理者专栏）中的开头段落。]这通常需要使用多个指标。记住，即使每个人都以同一种方式衡量某事，这种方式也并非一定适合你。要考虑你的指标。由于所有东西都可以被观察（并且在大多数情况下可以被测量），因此请仔细选择什么是你想要观察（和测量）的。下面引用的参考文章，是我所见过的对组织定制化指标计划的最佳描述。

Stark, G., R. Durst, and C. Vowell, "Using Metrics in Management Decision-Making." *IEEE Computer*, 27, 9 (September 1994).

原则 150　收集生产力数据
COLLECT PRODUCTIVITY DATA

所有成本估算模型的准确性都取决于这些模型为你的工作场景进行的剪裁。但是，如果你尚未从过去的项目中收集详细的数据，那么今天你就无法剪裁你的成本估算模型。因此，现在你有一个很好的借口不进行准确的成本估算。但是明天呢？如果你今天不开始收集详细数据，那么你将来也无法剪裁成本估算模型。那你还在等什么？还请记住 Manny Lehman 的建议：少量经过充分理解、认真收集、模型化及演绎的数据，要好于大量没有这些特性的数据。

Boehm, B., *Software Engineering Economics*, Englewood Cliffs, N.J.: Prentice Hall, 1981, Section 32.7.

原则 151 不要忘记团队效率
DON'T FORGET TEAM PRODUCTIVITY

确定一套针对个人的生产力衡量标准相对容易（当然，这些标准可能无法提供准确的结果，如原则 142、144 和 145 所强调的）。但是，请注意，优化所有个体的生产力并不一定会产出最佳的团队生产力。把这和一支篮球队做类比。每个球员都通过在控球时自己投篮得分来优化自己的表现，然而这个球队肯定会输。Manny Lehman 报告了一项软件开发工作，其中个人生产力增加了两倍，而企业生产力却下降了！

这里有两个课题可学习：首先，不同的措施适用于不同的人。其次，要衡量团队的整体效率，可通过跟踪一些数据来实现（如，按照时间周期和问题难度总结的、反映团队解决突出问题能力的报告）。

Lehman. M., private communication, Colorado Springs, Col.: (January 25, 1994).

原则 152　LOC/PM 与语言无关
LOC/PM INDEPENDENT OF LANGUAGE

通常认为，不管使用哪种语言，程序员平均每人每月可以生成 x 行高质量代码。因此，如果一个程序员每月可以用 Ada 语言写出 500 行优质代码，那么这个人用汇编语言也可以每月写出 500 行优质代码。C. Jones 在 *Programming Productivity*（New York: McGraw-Hill, 1986, 第 1 章）中提出了相反的观点。使用高级语言时，实际的生产力当然会大大提高，因为 500 行 Ada 代码可以做的事比 500 行汇编代码多得多。此外，语言的选择会极大地影响可维护性（见原则 193）。

在启动项目时，你需要对程序员将使用的语言有所了解。这是必需的，以便你可以估算代码行数。代码行数又可以用来计算项目的工作量和工期。

Boehm, B., *Software Engineering Economics*, Englewood Cliffs, N. J.: Prentice Hall, 1981, Section 33.4.

译者注

[1]　LOC，Line of Code，代码行数。

[2]　PM，Person month，人月。

		排期的现实性		
		现实的	勉强的	非常勉强的
团队相信排期	是	高	中	低
	否	低	低	低

原则 153　相信排期
BELIEVE THE SCHEDULE

一旦建立了可行的排期（见原则 146、147 和 148）并分配了适当的资源（见原则 157），所有各方都必须相信排期。如果工程师不认为排期切合实际，他们将不会成功地按照排期执行。排期成功的概率，与现实相比，更多的是一个关于排期信心的函数。

最好的建议是，让工程师制定排期。不幸的是，这并不总是可能的。第二个最好的建议是，让工程师参与在功能、进度和项目放弃之间进行的艰难权衡。很少有工程师会宁愿因取消项目而失去工作，也不愿努力以满足苛刻的排期。

Lederer, A., and J. Prasad, "Nine Management Guidelines for Better Cost Estimating," *Communications of the ACM*, 35, 2 (February 1992), pp. 51-59, Guideline 1.

原则 154　精确的成本估算并不是万无一失的
A PRECISION-CRAFTED COST ESTIMATE IS NOT FOOLPROOF

假设你的团队已经收集了有关过去表现的大量数据。假设你根据这些数据，从众多成本估算模型中选择了一个并进行了量身定制，以适应团队的能力。假设你是一个项目经理，你有一个新项目并使用了这个定制的模型。该模型报告该软件将花费 100 万美元。这意味着什么？这并不意味着你的软件将花费 100 万美元。

原因有三个：(1) 你，(2) 假设，(3) 概率。首先，是你。你的领导能力将对实际结果产生重大影响。例如，你可以在 5 秒内破坏团队花了一年时间建立的士气。其次，你为生成初始估计所做的所有假设可能不都是准确的。例如，如果你只有数量更少的合格人才怎么办？如果需求改变了怎么办？如果你的关键人物生病了怎么办？如果一半的工作站在你最需要的时候出现故障怎么办？第三，估计值只是概率分布中的峰值。如果我告诉你我要抛硬币 100 次，并要求你预测硬币正面向上出现的次数，你很可能会选择 50 次。这是否意味着真的会出现 50 次正面向上？当然不是。实际上，如果真的刚好出现了 50 次正面向上，你将感到很惊奇！

Gilb, T., *Principles of software Engineering Management*, Reading, Mass.: Addison-Wesley, 1988, Section 16.7.

原则 155　定期重新评估排期
REASSESS SCHEDULES REGULARLY

排期通常在项目启动时设定，其中包括中间期限和产品交付期限。每个阶段完成后，排期必须被重新评估。一个进度落后的项目很少能在后续阶段恢复到原计划。因此，设计延迟完成一个月的项目，将至少延迟一个月交付。在大多数情况下，增加或减少人员只会进一步延迟该项目（见原则 140）。最常见的方法是，不更改产品的交付日期（毕竟，我们不想让客户失望，对吗）。随着每个中间里程碑错过越来越多的时间，分配给测试的时间越来越少（见原则 119）。最后，以下两种情况之一必然会发生：（1）产品出厂时没有足够高的质量，或者（2）在项目后期很晚才通知客户有严重延期。这两种情况都不可接受。作为一名管理者，你的责任是预防灾难。

应与客户和/或上级建立工作关系。要报告每个可能的日期变更（通常是延期），并讨论克服这些困难的可选策略。只有各方的早期干预和参与才能防止延期升级。

Gilb, T., *Principles of Software Engineering Management*, Reading, Mass: Addison-Wesley, 1988, Section 7.14.

原则 156　轻微的低估不总是坏事
MINOR UNDERESTIMATES ARE NOT ALWAYS BAD

假设士气没有被削弱，在被认为稍稍落后进度的项目中，其成员会努力工作赶上进度，从而提高生产力。类似地，在被认为进度稍稍提前的项目中，其成员经常会休假、减少工作时间、花更长的时间读邮件、以其他方式放松，从而降低生产力。因此，成本预估本身就会影响项目的产出。对任何一个特定的项目，被轻微低估比被轻微高估，会花费更少的资源。然而要注意，如果项目成员认为排期被严重低估了，士气和生产力都会下降。

Abdel-Hamid, T., and S. Madnick, "Impact on Schedule Estimation on Software Project Behavior," *IEEE Software*, 3, 4 (July 1986), pp. 70-75.

	合适的排期、预算、资源	
	是	否
人员的质量、流程、工具、语言 是	√	×
否	×	×

原则 157 分配合适的资源
ALLOCATE APPROPRIATE RESOURCES

不管人员的质量如何，工具、语言或流程的可用性如何，人为强加的进度和不恰当的预算将会毁了一个项目。

如果你试图压缩排期或预算，参与项目的工程师将不会高效地工作，当不可避免的延期发生时，没有人会采取行动，士气将受到影响，并且最重要的是，项目的花费很可能比合理的成本还要高。

DeMarco, T., "Why Does Software Cost So Much?" *IEEE Software*, 10, 2 (March 1993), pp.89-90.

原则 158　制订详细的项目计划

PLAN A PROJECT IN DETAIL

每个软件项目都需要一个计划。详细程度应该适合于项目的大小和复杂性。你需要的计划的最小集合如下：

- 显示任务之间相互依赖关系的 PERT 表。
- 显示每个任务的活动何时进行的甘特图。
- 实际里程碑的列表（基于早期的项目，见原则 150）。
- 编写文档和代码的一套标准。
- 各种不同任务中的人员分配。

随着项目复杂性的增加，以上的每个要求都会变得越来越详细和复杂，其他类型的文档也会变得非常必要。一个没有计划的项目，在它开始之前就已经失控了。正如《爱丽丝梦游仙境》中柴郡猫对爱丽丝所说："如果你不知道要去哪里，那你也就无法到达那里！"

Glaser, G., "Managing Projects in the Computer Industry," *IEEE Computer*, 17, 10 (October 1984), pp. 45-53.

译者注

PERT，Program Evaluation and Review Technique，计划评审技术。

原则 159　及时更新你的计划
KEEP YOUR PLAN UP-TO-DATE

这是 Don Reifer 的"管理原则#3"。原则 158 说，对于一个软件项目，你必须做计划。然而，有一个过时的计划比完全没有计划更糟糕。当你没有计划时，你应该知道你已经失控了。当你有一个过时的计划时，你可能天真地以为一切在你的控制之中。所以无论任何时候情况发生变化，都要更新你的计划。这些情况包含需求变更、进度延迟、方向变更、发现过多错误或者任何与原始条件的偏差。

一份写得好的计划应该列举风险、潜在风险正成为威胁的警告信号、为减少威胁而制订的应急计划（见原则 162）。随着项目的进行，如果预期的风险成为威胁，要实施应急计划并更新项目计划。真正的挑战是那些不可预见的变化。在这种时候，人们常常需要全面地重新规划整个项目的其余部分，包括新的假设、新的风险、新的应急计划、新的排期、新的里程碑、新的人力资源分配等。

Reifer, D., "The Nature of Software Management: A Primer," *Tutorial: Software Management*, D. Reifer, ed., Washington, D.C.: IEEE Computer Society Press, 1986, pp. 42-45.

原则 160　避免驻波
AVOID STANDING WAVES

遵循原则 159（保持你的计划是最新的）的一个奇怪的副作用是驻波。在这种情况下，你总是计划"在未来几周内"可以"康复"的策略。由于落后于计划的项目往往会进一步落后于计划，因此这种"康复"的策略"在未来几周内"将会需要越来越多的资源（或奇迹）。如果不采取纠正措施，波动会变得越来越大。一般来说，重新安排时间和重新计划需要采取行动，而不仅仅是承诺很快就能解决问题。不要因为你只是落后了几天，就认为问题会消失。所有的项目都是"一天一天地落后"的。

Brooks, F., *The Mythical Man-Month*, Reading, Mass.: Addison-Wesley, 1975, Chapter4.

译者注

驻波（英文为 standing wave 或 stationary wave）为两个波长、周期、频率和波速皆相同的正弦波相向行进干涉而成的合成波。

原则 161 知晓十大风险
KNOW THE TOP 10 RISKS

作为项目经理，当你开始一个项目时，你需要熟悉最经常导致软件灾难的情况。这些是你最可能遇到的风险，但很可能不是全部。根据 Boehm 的说法，它们是：

- 人员短缺（见原则 131）。
- 不切实际的排期（见原则 148）。
- 不理解需求（见原则 40）。
- 开发糟糕的用户界面（见原则 42）。
- 当用户并不需要时尝试镀金（见原则 67）。
- 没有控制需求变更（见原则 179 和 189）。
- 缺乏可重用的或者接口化的组件。
- 外部执行任务不满足要求。
- 糟糕的响应时间。
- 试图超越当前计算机技术的能力。

现在你了解了最常见的风险，可以在这个基础上添加你的环境和项目中的特有风险，并制订可以降低这些风险的计划（见原则 162）了。

Boehm, B., "Software Risk Management: Principles and Practices," *IEEE software*, 9, 1 (January 1991), pp. 32-39.

译者注
第 8 条，"外部执行任务不满足要求"，英文原文为 Shortfalls in externally performed tasks。意思是，由外部承包商完成的任务不满足要求。

原则 162　预先了解风险

UNDERSTAND RISKS UP FRONT

在任何软件项目中，都无法准确预测会出现什么问题。然而，总有地方会出现问题。在项目计划的早期阶段，要梳理与你的项目相关的最大风险列表。对于每个风险，要量化其真正发生时会带来的破坏程度，并量化这种损失发生的可能性。这两个数字的乘积，是你对特定风险的"风险敞口"。

在项目开始时，构建一棵决策树，梳理所有可能降低风险敞口的方法。然后要么立刻对可能造成的后果采取行动；要么制订计划，在风险敞口超过可接受范围时，采取某种措施。(当然，需要预先说明如何识别这些风险，以便趁早采取纠正措施。)

Charette, R., *Software Engineering Risk Analysis and Management,* New York: McGraw-Hill, 1989, Section 2.2, Chapter 6.

译者注

风险敞口：在对风险未采取任何防范措施而可能导致的损失，即实际所承担的风险。

原则163 使用适当的流程模型
USE AN APPROPRIATE PROCESS MODEL

在软件项目中可以使用很多流程模型：瀑布模型、一次性原型、增量开发、螺旋模型、操作原型等。没有任何一种流程模型适用于公司中的所有项目。必须为每个项目选择一个最适合它的流程。选择应该基于企业文化、风险意愿、应用领域、需求的易变性以及对需求的理解程度。

要研究你的项目的特点，然后选择一个最适合的流程模型。例如，在构建原型时，你应该遵循最小化规约、促进快速开发和不需要担心分权制衡的流程。而在构建性命攸关的产品时，情况恰恰相反。

Alexander, L., and A. Davis, "Criteria for the Selection of a Software Process Model," *IEEE COMPSAC* '91, Washington, D.C.: IEEE Computer Society Press, pp. 521-528.

原则 164　方法无法挽救你
THE METHOD WON'T SAVE YOU

大家都听过"方法狂热者"的布道，他们说："如果你采用我的方法，你的大多数问题都会消失。"很多方法都曾受到这类狂言的影响，例如，在 20 世纪 70 年代和 20 世纪 80 年代的早期，大多数技术的名字里都包含"结构化"（structured），在 20 世纪 80 年代后期和 20 世纪 90 年代，大多数技术的名字中都包含"对象"（object）。虽然这两次浪潮都带来了深刻的见解，并带来提升质量的软件开发概念和步骤，但它们并不是万能药。那些在开发高质量软件方面真正优秀的组织，在采用"结构化"方法之前就很优秀，在采用"面向对象"方法后依然出色。那些以往表现不佳的组织，在采用最新的方法后仍然表现不佳。

作为一名管理者，要提防那些声称基于新的方法将大大提高质量或生产力的虚假的预言家。采用新的方法并没有错，但一个公司如果过去"失败"过（不论是在生产力还是在质量方面），在寻找解决方案之前，请尝试找出失败的根源。你现在使用的方法，很可能不是问题的根源！

Loy, P., "The Method Won't Save You (But It Can Help)," *ACM Software Engineering Notes*, 18, 1 (January 1993), pp. 30-34.

原则 165 没有奇迹般提升效率的秘密
NO SECRETS FOR MIRACULOUS PRODUCTIVITY INCREASE

软件开发行业充满了"推销员",他们鼓吹通过使用这种工具或那种技术能够降低开发成本。我们在商务会议上都听到过有关软件经理的说法,他们声称通过使用工具 x 或语言 y 或方法 z,生产力提高了 50%、75%、甚至 100%。不要相信!这是炒作。软件行业的生产力正在适度提高(每年 3%~5%)。事实是,我们有一种简单的方法来降低需求工程的成本:就是不做!对所有其他阶段也是如此。实际上,不开发软件,我们就可以节省很多钱!

你应该会对可削减几个百分点成本或提高几个百分点质量的工具、语言和方法感到满意。然而,如果不了解对客户满意度的影响,降低成本毫无意义。

DeMarco, T., and T. Lister, *Peopleware*, New York: Dorset House, 1987, Chapter 6.

原则 166　了解进度的含义
KNOW WHAT PROGRESS MEANS

我经常听到项目经理报告,"我们比预算低 25%",或者"比排期提前 25%"。两者都未必是好消息。"低于预算"通常意味着比预期花费更少的钱。这可能是好事,但是也不一定,除非工作也按期或比排期提前。相似地,"比排期提前"通常表示你比预期完成的工作多。这可能是好消息,但是也不一定,除非费用还符合或低于预算。下面是一些衡量进度的有意义的标准:

BCWP	"已完成工作的预算费用"(Budgeted cost of work performed)衡量你预期目前已完成的工作会花费多少。
ACWP	"已完成工作的实际费用"(Actual cost of work performed)衡量你在项目中实际花费了多少。
BCWE	"预期工作的预算费用"(Budgeted cost of work expected)衡量你预期花费多少。
$\dfrac{BCWP － BCWE}{BCWE}$	它体现了真实的技术状态。值大于零表示你比排期提前的百分比。值小于零表示落后排期的百分比。
$\dfrac{BCWP － ACWP}{BCWP}$	它体现了真实的预算状态。值大于零表示低于预算的百分比。值小于零表示超出预算的百分比。

U.S. Air Force, *Cost/Schedule Management of Non-Major Contracts*, Air Force Systems Command Publication #178-3, Andrews AFB, Md.: (November 1978).

原则 167　按差异管理
MANAGE BY VARIANCE

首先,没有详细的计划是不可能管理一个项目的(见原则 158)。一旦你有了计划,就要在必要时更新它(见原则 159)。既然有了最新的计划,你的责任就是根据这个计划来管理项目。当你汇报进度时(无论是书面、口头、正式还是非正式),只需汇报计划和实际之间的差异。项目经理通常会花费大部分时间来报告他们做得如何好。在项目完成时将会有大量的时间用于颁奖。但当项目正在进行时,进度报告应该是"各项都按计划进行,除了……",通过这种方式,可以将注意力和资源放在有问题的地方。

原则 168 不要过度使用你的硬件
DON'T OVERSTRAIN YOUR HARDWARE

要注意硬件限制对软件开发成本的巨大影响。尤其是，有数据显示，当内存或 CPU 的使用率接近 90% 时，软件开发成本将**翻倍**！当接近 95% 时，成本将会增加**两倍**！随着每条指令每秒成本和每字内存成本的极大下降，这个问题似乎不像 15 年前那么严重了。另外，在许多应用中仍然有强烈的动机来控制硬件成本（例如，大量销售的低成本产品）。

如果内存很容易添加、更快的处理器很容易集成到你的环境中，那就不用担心这个原则；需要时添加即可。如果你的环境使你必须压缩每字内存和 CPU 周期，那么一定要相应地增加排期。

Boehm, B., "The High Cost of Software," in *Practical Strategies for Developing Large Software Systems*, E. Horowitz, ed., Reading, Mass.: Addison-Wesley, 1975.

原则169 对硬件的演化要乐观

BE OPTIMISTIC ABOUT HARDWARE EVOLUTION

1984 年，13 家主要的航空公司预测：到 1988 年，50%的软件开发将依然在哑终端上进行。而到 1988 年，大部分软件开发已经从哑终端迁移到 PC 和工作站了。在同一调查中，它们预测只有 15%的软件开发会使用以太网，而且软件环境中基于 UNIX 的机器将只有 27%的普及率。很明显，这些预测都错了。硬件的速度、容量、标准化以及价格/性能都超出了预期。

Davis, A., and E. Comer, "No Crystal Ball in the Software Industry," *IEEE Software*, 10, 4 (July 1993), pp. 91-94, 97.

译者注

狭义的终端分两种：一种是字符终端，或称哑终端（Dumb Terminal），其只有输入输出字符的功能，没有处理器或硬盘，通过串行接口连接主机，一切工作都要交给主机来做；一种是图形终端或工作站，有独立的处理器、内存和硬盘处理图形界面功能，一般通过以太网与主机连接。

原则 170　对软件的进化要悲观
BE PESSIMISTIC ABOUT SOFTWARE EVOLUTION

1984 年，13 家主要的航空公司预测：到 1988 年，它们 46%的软件开发会使用 Ada（且少于 4%依然使用 C），且它们 54%的软件将会从之前的应用中复用。而且，到 1994 年，70%的软件开发将由基于知识的系统辅助。这些预测都没有实现。在上述情况中，技术要么太不成熟，要么由于一些事件而被取代。

Davis, A., and E. Comer, "No Crystal Ball in the Software Industry," *IEEE Software*, 10, 4 (July 1993), pp. 91-94, 97.

原则 171 认为灾难是不可能的想法往往导致灾难
THE THOUGHT THAT DISASTER IS IMPOSSIBLE OFTEN LEADS TO DISASTER

这是杰拉尔德·温伯格（Gerald Weinberg）的"泰坦尼克效应"原则。你决不能沾沾自喜地以为一切都在控制之中，并且会一直保持这样。过度自信是许多灾难发生的主要原因。陷入麻烦的往往是那些说"这只是一次小小的攀登，我不需要绳索"的登山者，或者那些说"这只是一次短途徒步，我不需要水"的徒步者，或是那些说"这把牌我肯定能赢"的扑克玩家。原则 162 强调需要预先分析所有潜在的灾难，提前制订应急计划，并不断重新评估新的风险。本原则强调需要预想这些风险成为现实。最大的管理灾难会在你认为不会发生的时候出现。

Weinberg, G., *Quality Software Management,* Vol. 1: Systems Thinking, New York: Dorset House, 1992, Section 15.3.5.

原则 172　做项目总结
DO A PROJECT POSTMORTEM

> 忘记过去的人注定会重蹈覆辙。
> ——乔治·桑塔亚纳（George Santayana），1908

每个项目都会有问题。原则 125 涉及记录、分析技术错误并从中学习。本原则用于对管理错误或者整体的技术错误进行同样的操作。在每个项目结束时，给所有的项目关键参与者 3~4 天的时间来分析项目中出现的每一个问题。例如，"我们延迟了 10 天开始集成测试；我们应该告诉客户"。或者，"我们早在知道最基本的需求之前就开始了设计"。或者，"大老板在错误的时间发布了一个'不加薪'的公告，影响了大家的积极性"。总的来说，主要思路是记录、分析所有不符合预期的事情并从中学习。同时，记录下你认为将来可以采取的预防问题发生的不同措施。未来的项目将会极大受益。

Chikofsky, E., "Changing Your Endgame Strategy," *IEEE Software*, 7, 6(November 1990), pp. 87, 112.

译者注

乔治·桑塔亚纳（George Santayana），西班牙著名自然主义哲学家、美学家，美国美学的开创者，同时还是著名的诗人与文学批评家。(引自百度百科。)

第 8 章 产品保证原则

PRODUCT ASSURANCE PRINCIPLES

产品保证是通过使用分权制衡（checks and balances）来确保软件质量的一系列工作。产品保证通常包括如下几项。

1. 软件配置管理（Software configuration management）：是管理软件变更的过程。
2. 软件质量保证（Software quality assurance）：是检查所有做法和产品是否符合既定流程和标准的过程。
3. 软件验证和确认（Software verification and validation）：这个过程用于验证（verify）每个中间产品是否正确地建立在以前的中间产品的基础上，以及确认（validate）每个中间产品是否适当地满足客户的要求。
4. 测试（Testing）：在前面的章节已介绍过。

原则 173 产品保证并不是奢侈品
PRODUCT ASSURANCE IS NOT A LUXURY

产品保证包含软件配置管理（software configuration management），软件质量保证（software quality assurance），验证和确认（verification and validation），以及测试（testing）。在以上四点中，测试和评估的必要性是最常被承认的，哪怕预算不足。另外三点则经常作为奢侈品而被摒弃掉，如同它们只是大型项目或者昂贵项目的一部分。这些准则的分权制衡，提供了明显更高的可能性，以生产出满足客户期望的产品，并在更接近排期和成本目标的情况下完成任务。关键是要根据项目的规模、形式和内容去定制产品保证的准则。

Siegel, S., "Why We Need Checks and Balances to Assure Quality," Quality Time Column, *IEEE Software*, 9, 1, (January 1992), pp. 102-103.

原则 174 尽早建立软件配置管理过程
ESTABLISH SCM PROCEDURES EARLY

有效的软件配置管理（SCM，Software Configuration Management）不仅仅是一个记录谁在什么时候对代码和文档进行了怎样修改的工具。它还包括深思熟虑地创建命名约定、策略和过程，以确保所有相关方都能参与软件的更改。它必须根据每个项目进行定制。它的存在意味着：

- 我们知道怎样去报告一个软件问题。
- 我们知道怎样去提出一个新的需求。
- 所有利益相关方对于建议的改动都能知晓，且他们的意见都被考虑了。
- 有一块看板用于展示变更请求的优先级和排期。
- 所有基线化的中间产品或最终产品都在掌控之中（即，它们不可能不遵循合规的流程而被修改）。

以上所有内容最好记录在一个文档中，这个文档通常被称为*软件配置管理计划*（SCMP，Software Configuration Management Plan）。这个文档应当在项目早期编写，典型的是在软件需求规格说明被评审通过的同时也被评审通过。

Bersoff, E., V. Henderson, and S. Siegel, *Software Configuration Management*, Englewood Cliffs, N.J.: Prentice Hall, 1980, Section 5.4.

原则175 使软件配置管理适应软件过程
ADAPT SCM TO SOFTWARE PROCESS

软件配置管理（SCM）并不是一套对所有项目一律适用的标准实践。SCM 必须根据每个项目的特点去定制：项目规模、易变性、开发过程、客户参与度等。不是所有情况都适用同一模式。

比如，美国联邦航空管理局（FAA）的国家空管系统（NAS）有一个七层配置控制看板；显然这对小型项目并不适用。一次性原型的开发，很可能在没有配置管理下的软件需求规格说明时也能存活；显然一个大规模的开发项目是做不到的。

Bersoff, E., and A. Davis, "Impacts of Life Cycle Models on Software Configuration Management," *Communications of the ACM*, 34, 8(August 1991), pp.104-117.

原则 176　组织 SCM 独立于项目管理
ORGANIZE SCM TO BE INDEPENDENT OF PROJECT MANAGEMENT

软件配置管理（SCM）只有在独立于项目管理的情况下才能做好本职工作。出于排期的压力，项目经理经常试图绕过那些使项目能够长期发展的控制措施。例如，在出现这样的排期问题时，会有这样的诱惑：接受一个新的软件版本作为基线，而没有记录它满足了哪些需求变更。如果 SCM 在管理关系上向项目经理汇报，SCM 只能接受这种情况。如果它们之间是独立的，SCM 可以实施最适合所有相关人员的规则。

Bersoff, E., "Elements of Software Configuration Management", *IEEE Transactions on Software Engineering*, 10, 1 (January 1984), pp. 79-87.

原则 177　轮换人员到产品保证组织
ROTATE PEOPLE THROUGH PRODUCT ASSURANCE

在很多组织中，在以下情况下人员会被转到产品保证组织：（1）作为他们被分配的第一个工作（2）当他们在工程软件方面表现不佳时。然而，产品保证工作对于工程的质量和专业水平，与设计和编码工作有同等的要求。另一种选择是，轮换最好的工程人才到产品保证组织工作。一个好的指导方针可能是，每一个优秀的工程师每隔两到三年，要投入六个月的时间到产品保证上。所有这些工程师的期望是，他们可以在"访问"期间对产品保证做出重大改进。这样的政策必须明确说明，工作轮换是对表现优异的一种奖励。

Mendis, K., "Personnel Requirements to Make Software Quality Assurance Work," in *Handbook of Software Quality Assurance*, C.G. Schulmeyer, and J. McManus, eds., New York: Van Nostrand Reinhold, 1987, pp. 104-118.

原则 178　给所有中间产品一个名称和版本
GIVE ALL INTERMEDIATE PRODUCTS A NAME AND VERSION

软件开发过程中会有许多中间产出：需求规格说明、设计规格说明、代码、测试计划、管理计划、用户手册等。每个这样的产出都应该有唯一的名称、版本/修订号和创建日期。如果其中任何一个包含可以相对独立发展的部件（例如，程序中的软件组件，或整个测试计划文档中的单个测试计划），这些部件也应该被赋予唯一的名称、版本/修订号和日期。"部件列表"应列举中间产出中包含的所有部件及其版本或修订信息，以便你知道每个特定版本和修订的中间产出是由哪个部件的哪些版本和修订组成的。

此外，当把最终产品发布给用户时，必须给它分配一个唯一的（产品）版本/修订号和日期。然后发布一个"部件列表"，列举所有组成产品的中间产出（以及它们各自的版本和发布号）。

只有通过这样的命名，你才能控制对产品不可避免的更改（见原则 16 和 185）。

Bersoff, E., V. Henderson, and S. Siegel, *Software Configuration Management*, Englewood Cliffs, N.J.: Prentice Hall, 1980, Chapter 4.

原则 179 控制基准
CONTROL BASELINES

软件配置管理（SCM）的职责，是保持商定的规格并控制对其的变更。

在修复或增强软件组件时，软件工程师偶尔会发现可以更改的其他内容，也许是修复尚未报告的 bug 或添加一些快速的新特性。这种不受控制的变化是不能容忍的。见相关原则 187。SCM 应该避免将这些变更合并到新的基线中。正确的过程是由软件工程师提出变更请求（CR, Change Request）。然后，这个变更请求要与来自开发、营销、测试和客户的其他变更请求一起由配置控制委员会（Configuration Control Board）处理。这个委员会负责确定变更请求的优先级和排期。只有这样才能允许工程师进行变更，只有这样 SCM 才能接受变更。

Bersoff, E., V. Henderson, and S. Siegel, *Software Configuration Management*, Englewood Cliffs, N.J.: Prentice Hall, 1980, Section 4.1.

原则 180　保存所有内容
SAVE EVERYTHING

Paul Erlich 说过,"明智修补的首要原则是保存所有的零件"。软件从本质上来说是不断被修补的。由于修补会导致很多错误(见原则 195),所以任何软件更改都很可能需要被回滚。做到这一点的唯一方法是确保在进行更改之前保存所有内容。软件配置管理组织的工作,即在对基线进行批准的更改之前,保存所有内容的所有副本。

Erlich, P., as reported by Render, H., private communication, Colorado Springs, Col: 1993.

原则 181 跟踪每一个变更
KEEP TRACK OF EVERY CHANGE

每次变更都有可能引发问题。三个常见的问题是：

1. 变更未解决预期要解决的问题。
2. 变更解决了问题，但导致了其他问题。
3. 在将来的某天变更被注意到时，没有人能弄清楚更改的原因（或由谁更改）。

在这三种情况下，预防措施都是跟踪所有变更。

跟踪意味着记录：

- 最初的变更请求（这可能是客户对新功能的请求，客户对故障的投诉，开发人员发现了一个问题，或者开发人员想要添加一个新功能）。
- 用于批准变更的审批流程（谁，何时，为什么，在哪个发布版本中）。
- 所有中间产出的变更（谁，什么，何时）。
- 在变更请求、变更审批和变更本身之间进行适当的交叉引用。

这样的审计追踪使你可以轻松撤销、重做并且/或者理解变更。

Bersoff, E., V. Henderson, and S. Siegel, *Software Configuration Management*, Englewood Cliffs, N.J.: Prentice Hall, 1980, Section 7.1.

原则 182　不要绕过变更控制

DON'T BYPASS CHANGE CONTROL

变更得到控制，每个人都会收益。（"控制"并不意味着"阻止"。）能够直接接触到开发人员的客户，通常会直接要求开发人员为他们进行特定修改，来绕过变更控制。这是灾难性的。它会使项目管理陷入困境。它会导致成本上升。它会使需求规范不准确。这得有多糟糕？

Curtis, B., H. Krasner, and N. Iscoe, "A Field Study of the Software Design Process for Large Systems," *Communications of the ACM*, 31, 11(November 1988), pp. 1268-1287.

原则183 对变更请求进行分级和排期
RANK AND SCHEDULE CHANGE REQUESTS

对于任何投入使用的产品,来自用户、开发人员和市场营销人员的变更请求都会集中到开发团队。这些变更请求可能反映了对新功能的需求、性能下降的报告或对系统错误的投诉。应该成立一个委员会,通常称为配置控制委员会(CCB,Configuration Control Board),以定期评审所有变更请求。委员会的职责是将所有这些变更进行优先级排序,并安排何时(或至少确定将在哪个即将来临的发布版本中)它们将会被解决。

Whitgift, D., *Methods and Tools for Software Configuration Management*, New York: John Wiley & Sons, 1991, Chapter 9.

原则 184　在大型开发项目中使用确认和验证（V&V）

USE VALIDATION AND VERIFICATION (V&V) ON LARGE DEVELOPMENTS

开发大型软件系统需要尽可能多的制衡，以确保产品的质量。一种行之有效的技术是，让独立于开发团队的组织来进行确认和验证(V&V)。**确认**（Validation）是检查软件开发的每个中间产品以确保其符合之前产品的过程。例如，确认可确保：软件需求满足系统要求，高阶的软件设计可满足所有软件需求（而不是其他需求），算法可满足组件的外部规格说明，代码可实现算法，等等。**验证**（Verification）是检查软件开发的每个中间产品以确保其满足需求的过程。

你可以将 V&V 视为儿童电话游戏的一种解决方案。在这个游戏中，让一群孩子排成一列，通过耳语传递一条特定的口头信息。最后一个孩子说出他/她听到的内容，很少能与最初的消息相同。确认会使每个孩子问前一个孩子，"你说的是 x 吗？" 验证会使每个孩子问第一个孩子，"你说的是 x 吗？"

在项目中，应尽早计划 V&V。它可以被记录在质量保证计划中，也可以存在于单独的 V&V 计划中。在这两种情况下，其过程、参与者、操作和结果都应在软件需求规格说明被批准的大约同一时间被批准。

Wallace, D., and R. Fujii, "Software Verification and Validation: An Overview," *IEEE Software*, 6, 3(May 1989), pp. 10-17.

第 9 章　演变原则

EVOLUTION PRINCIPLES

演变是与修改软件产品相关的一系列工作，用于：

1. 满足新功能。
2. 更有效地运行。
3. 正常运行（当检测到原始产品中的错误时）。

原则 185　软件会持续变化

SOFTWARE WILL CONTINUE TO CHANGE

任何正在使用的大型软件系统都将经历不断的变化，因为系统的使用会使人想出新的功能。它会一直变化，直到从头开始重写变得更划算。这就是曼尼·雷曼（Manny Lehman）的"持续变化定律"（Law of Continuing Change）。

Lehman, M., "Programs, Cities, and Students-Limits to Growth?" Inaugural Lecture, Imperial College of Science and Technology, London (May 14, 1974).

Belady, L., and M. Lehman, "A Model of Large Program Development," *IBM Systems Journal*, 15, 3 (March 1976), pp. 225-252.

原则 186　软件的熵增加
SOFTWARE'S ENTROPY INCREASES

任何经历持续变化的软件系统都会变得越来越复杂，并且变得越来越杂乱无章。由于所使用的所有软件系统都会发生变化（见原则 185），并且变化会导致不稳定，因此所有有用的软件系统都将朝着较低的可靠性和可维护性迁移。这就是曼尼·雷曼（Manny Lehman）的"熵增加定律"（Law of Increasing Entropy）。

Lehman, M., "Programs, Cities, and Students—Limits to Growth?" Inaugural Lecture, Imperial College of Science and Technology, London (May 14, 1974).

Lehman, M., "Laws of Program Evolution—Rules and Tools for Programming Management," *InfoTech State of the Art Conference on Why Software Projects Fail* (April 1978), paper #11.

原则 187　如果没有坏,就不要修理它
IF IT AIN'T BROKE, DON'T FIX IT

当然,这个建议适用于生活中的许多方面,但它特别适用于软件。就像其名字那样,软件被认为是可塑的、易于修改的。不要误以为软件中的"失灵"很容易发现或修复。

假设你在维护一个系统。你正在检查组件的源代码。你可能是想增强它,或者是想找到错误的原因。在检查时,你觉得自己发现了另外一个错误。不要试图"修复"它。很有可能你会引入而不是修复一个错误(见原则 190)。相反,应记录并提交变更请求。期望通过配置控制和相关的技术评审来确定它是否是一个错误,以及应该以什么样的优先级进行修复(见原则 175、177、178 和 179)。

Reagan, R., as reported by Bentley, J., *More Programming Pearls*, Reading, Mass.: Addison-Wesley, 1988, Section 6.3.

原则 188　解决问题，而不是症状

FIX PROBLEMS, NOT SYMPTOMS

当软件出错时，你的责任是彻底理解错误产生的原因，而不只是草草分析一下，并对你认为的原因进行一个快速的修复。

假设你在试图定位软件故障的原因。你发现，一个特定组件每次传输一个值时，它正好是期望值的 2 倍。一个快速而肮脏的解决方案是，在传输生成的值之前将其除以 2。这个解决方案是不合适的，因为（1）它可能不适用于所有的情况，并且（2）它留给程序本质上两个相互抵消的错误，这会使得程序在未来实际上无法被维护（见原则 92）。更糟糕的快速而肮脏的解决方案是，接收者在使用之前，将它收到的值除以 2。这个解决方案有所有与第一个解决方案相同的问题，而且它还会导致所有未来调用错误组件的组件接收错误的值。正确的解决方案是检查程序并确定为什么值总是加倍，然后修复它。

McConnell, S., *Code complete*, Redmond, Wash.: Microsoft Press, 1993, p. 638.

原则 189　先变更需求
CHANGE REQUIREMENTS FIRST

如果各方都同意对软件进行增强，那么第一件事就是更新软件需求规格说明（SRS），并获得批准。只有这样，才比较有可能让客户、市场营销人员和开发人员对变更内容达成一致。有时由于时间限制无法做到这一点（这种情况不应该一直存在，否则管理层需要阅读本书中的管理原则）。在这种情况下，请先对 SRS 进行更改，然后再开始对设计和代码进行更改，并且在完成设计和代码的修改之前，批准对 SRS 的变更。

Arthan, J., *Software Evolution*, New York: John Wiley & Sons, 1988, Chapter 6.

原则 190　发布之前的错误也会在发布之后出现
PRERELEASE ERRORS YIELD POSTRELEASE ERRORS

发布之前错误就比较多的组件，发布之后也会被发现会有比较多的错误。这对开发者来说是一个令人失望的消息，但确实是被经验数据所充分支持的（而且由原则 114 可知，假如你在一个组件中发现了很多错误，那将来还会发现更多错误）。最好的建议是废弃、替换、从头创建任何具有不良历史记录的组件。不要花钱填坑。

Dunn, R., *Software Defect Removal*, New York: McGraw-Hill, 1984, Section 10.2.

原则 191　一个程序越老，维护起来越困难

THE OLDER A PROGRAM, THE MORE DIFFICULT IT IS TO MAINTAIN

在对软件系统进行更改（无论是维修还是增强）时，系统中必定有一些组件要被修改。随着程序变"老"，每次改动时，整个系统中需要修改的组件的比例就会随之增加。每次更改都会使所有后续的更改更加困难，因为程序的结构必然会恶化。

Belady, L., and B. Leavenworth, "Program Modifiability," in *Software Engineering*, Freeman, H., and P. Lewis, eds., New York: Academic Press, 1980, pp.26-27.

原则 192　语言影响可维护性
LANGUAGE AFFECTS MAINTAINABILITY

开发所使用的编程语言，会极大地影响维护期间的开发效率。某些语言（例如，APL、BASIC 和 LISP）促进了功能的快速开发，但是它们本质上难以维护。其他语言（例如，Ada 或 Pascal）在开发过程中更具挑战性，但本质上较易于维护。倾向于强制高内聚和低耦合（见原则 73）的语言，例如 Eiffel，其通常有助于开发和后续维护。级别较低的语言（如汇编语言）通常会在开发和维护期间降低开发效率。可对照查看原则 99。

Boehm, B., *Software Engineering Economics*, Englewood Cliffs, N. J.: Prentice Hall, 1981, Section 30.4.

原则 193 有时重新开始会更好
SOMETIMES IT IS BETTER TO START OVER

如今关于重建（reengineering）、翻新（renovation）和逆向工程（reverse engineering）的讨论太多了，我们可能都开始相信这样做很容易。其实这很难做。有时这很有意义，值得投资。但有时这是对珍稀资源的浪费，从头开始设计和编码可能是更好的选择。举例来说，扪心自问，如果你制作了设计文档，维护者们真的会使用它们吗？

Agresti, W., "Low-Tech Tips for High Quality Software", Quality Time Column, *IEEE Software*, 9, 6 (November 1991), pp. 86, 87-89.

原则 194　首先翻新最差的
RENOVATE THE WORST FIRST

原则 193 建议，重新开始有时可能是更好的选择。另一个不那么痛苦的方法是，完全重新设计和重新编码"最差"的组件。这里"最差"的组件是指那些消耗了最多改正性维护费用的组件。Gerald Weinberg 曾说，在一个系统中重写一个 800 行的模块（占全部改正性维护成本的 30%），就可以为整体维护工作节省大量的资源。

Weinberg, G., "Software Maintenance", Datalink (May 14, 1979), as reported by Arthur, J., *Software Evolution*, New York: John Wiley & Sons. 1988, Chapter 12.

原则 195　维护阶段比开发阶段产生的错误更多
MAINTENANCE CAUSES MORE ERRORS THAN DEVELOPMENT

维护期间对程序的修改（无论是改进功能还是修正缺陷）引入的错误远远超过最初的开发阶段。维护团队报告说，维护期间有 20％到 50％的改动会引入更多的错误。

出于这个原因，遵守"规则"更显重要：制定 SCM 计划（见原则 174），控制基准（见原则 179），并且不要绕过变更控制（见原则 182）。

Humphrey, W., "Quality From Both Developer and User Viewpoints," Quality Time Column, *IEEE Software*, 6, 5 (September 1989), pp. 84, 100.

原则 196 每次变更后都要进行回归测试
REGRESSION TEST AFTER EVERY CHANGE

回归测试，是在变更发生后，对所有先前已测试过的功能进行的测试。大多数人绕过回归测试，因为他们认为自己的变更是没有影响的。

对一个模块的变更，可能是为了修正一个错误（改正性维护，corrective maintenance）、添加一个新的特性（适应性维护，adaptive maintenance），或是提升它的性能（完善性维护，perfective maintenance）。你必须验证你的改动是否能正确地运行。也就是说，你必须测试之前不能正确运行的部分，新的特性是否生效，或者确认性能是否确实得到了提升。如果这些测试都通过了，就没问题了吗？当然不是！不幸的是，软件总会出现一些奇怪的问题。你还必须要做回归测试，来验证之前那些运行正确的功能，现在是否还能正常工作。

McConnell, S., *Code Complete*, Redmond, Wash.: Microsoft Press, 1993, Section 25.6.

原则 197 "变更很容易"的想法，会使变更更容易出错

BELIEF THAT A CHANGE IS EASY MAKES IT LIKELY IT WILL BE MADE INCORRECTLY

这是 Gerald Weinberg 的"自我失效模型"（Self-Invalidating Model）原则，并且与原则 171 所述的更一般的情况密切相关。因为软件是很复杂的，要正确运行必须处于"完美"的状态，所以必须认真考虑每一个改动可能带来的影响。只要开发人员认为变更是简单的、容易的或不证自明的，他们就会放松警惕，忽视那些能帮助保证质量的手段，在大部分情况下就会执行不正确的变更。这会表现为一个错误的变更，或者一个意想不到的副作用。

为了避免这种情况的发生，要确保你正在做的变更是经过核准的（见原则 182 及 183），对每项变更进行核查（见原则 97），并在每组变更后进行回归测试（见原则 196）。

Weinberg, G., *Quality Software Management,* Vol. 1: Systems Thinking, New York: Dorset House, 1992, Section 15.2.3.

原则 198 对非结构化代码进行结构化改造，并不一定会使它更好

STRUCTURING UNSTRUCTURED CODE DOES NOT NECESSARILY IMPROVE IT

假如你必须维护一个以非结构化方式编写的程序。你可以机械地将其转换为等效的结构化代码，还具有相同的功能。这样的程序不一定更好！通常这种机械化的重构会导致同样糟糕的代码。相反地，你应该采用合理的软件工程原则，重新考虑模块，并从头开始重新设计。

Arthur, J., *Software Evolution*, New York: John Wiley & Sons, 1988, Sections 7.2 and 9.1.

原则 199　在优化前先进行性能分析
USE PROFILER BEFORE OPTIMIZING

当需要优化程序以使其更快时,请记住80%的CPU周期将被20%的代码消耗(Pareto 定律)。因此,先找到那些能够带来优化效果的20%的代码。最好的方法是使用市场上可买到的可用的性能分析工具。性能分析工具在程序运行过程中执行监控,并识别出"热点",也就是消耗最多 CPU 周期的部分。优化这部分。

Morton, M., as reported by Bentley, J., *More Programming Pearls*, Reading, Mass.: Addison-Wesley, 1988, Section 6.4.

译者注

Pareto 定律,即常说的二八定律。

原则 200　保持熟悉

CONSERVE FAMILIARITY

这就是 Manny Lehman 的 "熟悉守恒定律" (Law of Conservation of Familiarity)。在软件产品的维护阶段，通常会采用增量版本方式来发布。每个新版本都包含一定数量的变化（即与早期版本中所熟悉的功能不同）。新发布的版本如果要包含大于平均水平的变化，往往会出现 "性能差，可靠性差，故障率高，成本和时间都超支" 的问题。此外，变化量高于平均水平越多，风险就越大。出现这种现象的原因，似乎是面向用户的软件发布中的稳定效应（ stabilization effect ）。由于软件的变更往往会导致不稳定（见原则 184 和 190），版本之间的大量变更可能会引起一定程度的不稳定，并且这种不稳定无法通过发版来弥补。此外，开发人员对产品的心理熟悉程度在多个版本之间会逐渐降低；也就是说，修改软件的时间越长，开发人员对它的 "感觉" 就越陌生。当产品发布后，开发者要重新学习才会再次感到熟悉。如果在两个版本之间做太多的改动，就会对 "不熟悉的" 代码做太多的修改，进而影响质量。

总结：保持产品发布版本之间的改动量相对稳定。

Lehman, M., "On Understanding Laws, Evolution, and Conservation in the Large-Program Life Cycle," *Journal of Systems and Software*, 1, 3 (September 1980), pp. 213-221.

原则 201　系统的存在促进了演变
THE SYSTEM'S EXISTENCE PROMOTES EVOLUTION

让我们假设一下，我们可以提前"完美"地完成需求规格说明。更进一步假设，在开发过程中需求没有变更，因此当系统被创建后，实际上满足了现有的需求。即使这些假设成立，演变仍然会发生，因为将这个系统引入它要解决的问题的环境时，本身就改变了这个环境，也就会引发新的问题。

这意味着，无论你认为自己多么完美地实现了需求，都必须为部署之后必要的变更做好计划。

Lehman, M., "Software Engineering, the Software Process, and Their Support," *Software Engineering Journal*, 6, 5(September 1991), pp. 243-258.

参考资料索引

Abdel-Hamid, T., and S. Madnick, "Impact on Schedule Estimation on Software Project Behavior," *IEEE Software*, 3, 4 (July 1986), pp. 70-75. *(Principle 156)*

Agresti, W., "Low-Tech Tips for High Quality Software," Quality Time Column, *IEEE Software*, 9, 6 (November 1991), pp. 86, 87-89. *(Principle 193)*

Alexander, L., and A. Davis, "Criteria for the Selection of a Software Process Model," *IEEE COMPSAC '91*, Washington, D.C.: IEEE Computer Society Press, pp. 521-528. *(Principle 163)*

Andriole, S., "Storyboard Prototyping for Requirements Verification," *Large Scale Systems*, 12 (1987), pp. 231-247. *(Principle 42)*

Andriole, S., *Rapid Application Prototyping*, Wellesley, Mass.: QED, 1992. *(Principle 13)*

Arthur, J., *Software Evolution*, New York: John Wiley & Sons, 1988, Chapter 6; Sections 7.2, 9.1. *(Principles 189, 198)*

Basili, V., and J. Musa, "The Future Engineering of Software: A Management Perspective," *IEEE Computer*, 24, 9 (September 1991), pp. 90-96. *(Principle 36)*

Belady, L., and B. Leavenworth, "Program Modifiability," in *Software Engineering*, Freeman, H., and P. Lewis, eds., New York: Academic Press, 1980, pp. 26-27. *(Principle 191)*

Belady, L., and M. Lehman, "A Model of Large Program Development," *IBM Systems Journal*, 15, 3 (March 1976), pp. 225-252. *(Principle 185)*

Bennis, W., *The Unconscious Conspiracy: Why Leaders Can't Lead*, New York: AMACOM, 1976. *(Principle 135)*

Bersoff, E., "Elements of Software Configuration Management," *IEEE Transactions on Software Engineering*, 10, 1 (January 1984), pp. 79-87. *(Principle 176)*

Bersoff, E., and A. Davis, "Impacts of Life Cycle Models on Software Configuration Management," *Communications of the ACM*, 34, 8 (August 1991), pp. 104-117. *(Principle 175)*

Bersoff, E., V. Henderson, and S. Siegel, *Software Configuration Management*, Englewood Cliffs, N.J.: Prentice Hall, 1980, Chapter 4, Sections 2.2, 4.1, 5.4, 7.1. *(Principles 16, 174, 178, 179, 181)*

Berzins, V., and Luqi, *Software Engineering with Abstractions*, Reading, Mass.: Addison-Wesley, 1991, Section 1.5. *(Principle 106)*

Boehm, B., "The High Cost of Software," in *Practical Strategies for Developing Large Software Systems*, E. Horowitz, ed., Reading, Mass.: Addison-Wesley, 1975. *(Principle 168)*

Boehm, B., "Software Engineering," *IEEE Transactions on Computers*, 25, 12 (December 1976), pp. 1226-1241. *(Principle 41)*

Boehm, B., *Software Engineering Economics*, Englewood Cliffs, N.J.: Prentice Hall, 1981, Sections 26.5, 27.3, 29.9, 30.4, 32.7, 33.4. *(Principles 104, 146, 148, 150, 152, 192)*

Boehm, B., "Seven Basic Principles of Software Engineering," *Journal of Systems and Software*, 3, 1 (March 1983), pp. 3-24. *(Preface)*

Boehm, B., "Verifying and Validating Software Requirements and Design Specifications," *IEEE Software*, 1, 1 (January 1984), pp. 75-88. *(Principles 40, 45)*

Boehm, B., "Software Risk Management: Principles and Practices," *IEEE Software*, 9, 1 (January 1991), pp. 32-39. *(Principle 161)*

Brooks, F., *The Mythical Man-Month*, Reading, Mass.: Addison-Wesley, 1975, Chapters 2, 4. *(Principles 140, 160)*

Brooks, F., "No Silver Bullet: Essence and Accidents of Software Engineering," *IEEE Computer*, 20, 4 (April 1987), pp. 10-19. *(Principles 17, 72, 82)*

Charette, R., *Software Engineering Risk Analysis and Management*, New York: McGraw-Hill, 1989, Section 2.2, Chapter 6. *(Principles 162)*

Cherry, G., *Software Construction by Object-Oriented Pictures*, Canadaigua, New York: Thought Tools, 1990, p. 39. *(Principle 61)*

Chikofsky, E., "Changing Your Endgame Strategy," *IEEE Software*, 7, 6 (November 1990), pp. 87, 112. *(Principle 172)*

Constantine, L., and E. Yourdon, *Structured Design*, Englewood Cliffs, N.J.: Prentice Hall, 1979. *(Principle 73)*

Curtis, B., H. Krasner, and N. Iscoe, "A Field Study of the Software Design Process for Large Systems," *Communications of the ACM*, 31, 11 (November 1988), pp. 1268-1287. *(Principles 15, 83, 136, 182)*

Davis A., "A Comparison of Techniques for the Specification of External System Behavior," *Communications of the ACM*, 31, 9 (September 1988), pp. 1098-1115. *(Principle 47)*

Davis, A., "Operational Prototyping: A New Development Approach," *IEEE Software*, 9, 5 (September 1992), pp. 70-78. *(Principles 11, 12)*

Davis, A., *Software Requirements: Objects, Functions and States*, Englewood Cliffs, N.J.: Prentice Hall, 1993, Sections 3.1, 3.4.2, 3.4.6, 3.4.11, 5.3.2. *(Principles 46, 49, 50, 53, 56, 58)*

Davis, A., "Software Lemmingineering," *IEEE Software*, 10, 6 (September 1993), pp. 79-81, 84. *(Principle 30)*

Davis, A., and E. Comer, "No Crystal Ball in the Software Industry," *IEEE Software*, 10, 4 (July 1993), pp. 91-94, 97. *(Principles 169, 170)*

DeMarco, T., "Why Does Software Cost So Much?" *IEEE Software*, 10, 2 (March 1993), pp. 89-90. *(Principles 147, 157)*

DeMarco, T., and T. Lister, *Peopleware*, New York: Dorset House, 1987, Chapters 6, 12. *(Principles 139, 165)*

Dijkstra, E., "Notes on Structured Programming," in *Structured Programming*, Dahl, O., et al., eds., New York: Academic Press, 1972. *(Principle 111)*

Dunn, R., *Software Defect Removal*, New York: McGraw-Hill, 1984, Sections 7.2, 7.4, 10.2, 10.3. *(Principles 115, 121, 123, 190)*

Endres, A., "An Analysis of Errors and Their Causes in System Programs," *IEEE Transactions on Software Engineering*, 1, 2 (June 1975), pp. 140-149. *(Principle 114)*

Erlich, P., as reported by Render, H., private communication, Colorado Springs, Col.: 1993. *(Principle 180)*

Fairley, R., *Software Engineering Concepts*, New York: McGraw-Hill, 1985. *(Principle 69)*

Fairley, R., "Recent Advances in Software Estimation Techniques," *14th IEEE International Conference on Software Engineering*, Washington, D.C.: IEEE Computer Society Press, 1992. *(Principle 145)*

Farbman, D., "Myths That Miss," *Datamation* (November 1980), pp. 109-112. *(Principle 8)*

Fenton, N., "How Effective Are Software Engineering Methods?" *Journal of Systems and Software*, 22, 2 (August 1993), pp. 141-146. *(Principles 127, 129)*

Floyd, C., "A Systematic Look at Prototyping," in *Approaches to Prototyping*, R. Budde, et al., Berlin, Germany: Springer Verlag, 1983, pp. 1-18, Section 3.1. *(Principle 5)*

Francis, P., *Principles of R&D Management*, New York: AMACOM, 1977, pp. 114-116. *(Principle 133)*

Gause, D., and G. Weinberg, *Are Your Lights On?* New York: Dorset House, 1990. *(Principle 39)*

Gerhart, S., and L. Yelowitz, "Observations of Fallibility in Applications of Modern Programming Methodologies," *IEEE Transactions on Software Engineering*, 2, 3 (September 1976), pp. 195-207, Section I. *(Principle 126)*

Gilb, T., "Deadline Pressure: How to Cope with Short Deadlines, Low Budgets and Insufficient Staffing Levels," in *Information Processing*, H.J. Kugler, ed., Amsterdam: Elsevier Publishers, 1986. *(Principle 130)*

Gilb, T., *Principles of Software Engineering Management*, Reading, Mass.: Addison-Wesley, 1988, Sections 7.14, 8.10, 9.11, 16.7. *(Principles 43, 52, 154, 155)*

Glaser, G., "Managing Projects in the Computer Industry," *IEEE Computer*, 17, 10 (October 1984), pp. 45-53. *(Principle 158)*

Glass, R., *Building Quality Software*, Englewood Cliffs, N.J.: Prentice Hall, 1992, Section 2.2.2.5. *(Principle 62)*

Gomaa, H., and D. Scott, "Prototyping as a Tool in the Specification of User Requirements," *Fifth International Conference on Software Engineering*, Washington, D.C.: IEEE Computer Society Press, 1981, pp. 333-342. *(Principle 7)*

Goodenough, J., and S. Gerhart, "Toward a Theory of Test Data Selection," *IEEE Transactions on Software Engineering*, 1, 2 (June 1975), pp. 156-173, Section IIIC. *(Principles 108, 113)*

Grady, R., and T. VanSlack, "Key Lessons in Achieving Widespread Inspection Use," *IEEE Software*, 11, 4 (July 1994), pp. 46-57. *(Principle 98)*

Hall, A., "Seven Myths of Formal Methods," *IEEE Software*, 7, 5 (September 1990), pp. 11-19. *(Principle 28)*

Herzberg, F., "One More Time: How Do You Motivate Employees?" *Harvard Business Review* (September-October 1987). *(Principle 138)*

Hoare, C.A.R., "Software Engineering: A Keynote Address," *IEEE 3rd International Conference on Software Engineering*, 1978, pp. 1-4. *(Principle 37)*

Hoare, C.A.R., "Programming: Sorcery or Science?" *IEEE Software*, 1, 2 (April 1984), pp. 14-15. *(Principle 18)*

Horowitz, E., and S. Sahni, *Fundamentals of Computer Algorithms*, Potomac, Md.: Computer Science Press, 1978. *(Principle 79)*

Huang, J., "Program Instrumentation and Software Testing," *IEEE Computer*, 11, 4 (April 1978), pp. 25-32. *(Principle 124)*

Huff, C., "Elements of a Realistic CASE Tool Adoption Budget," *Communications of the ACM*, 35, 4 (April 1992), pp. 45-54. *(Principle 25)*

Humphrey, W., "Quality From Both Developer and User Viewpoints," Quality Time Column, *IEEE Software*, 6, 5 (September 1989), pp. 84, 100. *(Principle 195)*

IEEE Computer Society, *Software Engineering Standards Collection*, Washington, D.C.: IEEE Computer Society Press, 1993. *(Principle 32)*

IEEE, *ANSI/IEEE Guide to Software Requirements Specifications*, Standard 830-1994, Washington, D.C.: IEEE Computer Society Press, 1994. *(Principle 59)*

Incorvaia, A. J., A. Davis, and R. Fairley, "Case Studies in Software Reuse," *Fourteenth IEEE International Conference on Computer Software and Applications*, Washington, D.C.: IEEE Computer Society Press, 1990, pp. 301-306. *(Principle 84)*

Jones, C., *Programming Productivity*, New York: McGraw-Hill, 1986, Chapter 1. *(Principle 144)*

Joyce, E., "Is Error-Free Software Achievable?" *Datamation* (February 15, 1989). *(Principle 4)*

Kajihara, J., G. Amamiya, and T. Saya, "Learning from Bugs," *IEEE Software*, 10, 5 (September 1993), pp. 46-54. *(Principle 125)*

Kemerer, C., "How the Learning Curve Affects Tool Adoption," *IEEE Software*, 9, 3 (May 1992), pp. 23-28. *(Principles 22, 23)*

Kernighan, B., and P. Plauger, *The Elements of Programming Style*, New York: McGraw-Hill, 1978, pp. 20-37, 52, 67, 124-134, 141-144. *(Principles 89, 93-95)*

Lederer, A., and J. Prasad, "Nine Management Guidelines for Better Cost Estimating," *Communications of the ACM*, 35, 2 (February 1992), pp. 51-59, Guideline 1. *(Principles 38, 153)*

Ledgard, H., *Programming Proverbs*, Rochelle Park, N.J.: Hayden Book Company, 1975, Proverbs 8, 21; pp. 94-98. *(Principles 90, 91, 97)*

Ledgard, H., *Programming Practice*, Vol. II, Reading, Mass.: Addison-Wesley, 1987, Chap. 4. *(Principle 88)*

Lehman, M., "Programs, Cities, and Students—Limits to Growth?" Inaugural Lecture, Imperial College of Science and Technology, London (May 14, 1974). *(Principles 185, 186)*

Lehman, M., "Laws of Program Evolution—Rules and Tools for Programming Management," *InfoTech State of the Art Conference on Why Software Projects Fail* (April 1978), paper #11. *(Principle 186)*

Lehman, M., "On Understanding Laws, Evolution, and Conservation in the Large-Program Life Cycle," *Journal of Systems and Software*, 1, 3 (July 1980), pp. 213-221. *(Preface)*

Lehman, M., "On Understanding Laws, Evolution, and Conservation in the Large-Program Life Cycle," *Journal of Systems and Software*, 1, 3 (September 1980), pp. 213-221. *(Principle 200)*

Lehman, M., "Programming Productivity—A Life Cycle Concept," *COMPCON 81*, Washington, D.C.: IEEE Computer Society Press, 1981, Section 1.1. *(Principle 3)*

Lehman, M., "Software Engineering, the Software Process and Their Support," *Software Engineering Journal*, 6, 5 (September 1991), pp. 243-258, Section 3.6. *(Principles 20, 201)*

Lehman, M., private communication, Colorado Springs, Col.: (January 24, 1994). *(Principle 110)*

Lehman, M., private communication, Colorado Springs, Col.: (January 25, 1994). *(Principle 151)*

Lindstrom, D., "Five Ways to Destroy a Development Project," *IEEE Software*, 10, 5 (September 1992), pp. 55-58. *(Principle 107)*

Loy, P., "The Method Won't Save You (But It Can Help)," *ACM Software Engineering Notes*, 18, 1 (January 1993), pp. 30-34. *(Principle 164)*

Macro, A., *Software Engineering: Concepts and Management*, Englewood Cliffs, N.J.: Prentice-Hall International, 1990, p. 247. *(Principle 87)*

Matsubara, T., "Bringing up Software Designers," *American Programmer*, 3, 7 (July-August 1990), pp. 15-18. *(Principle 21)*

McCabe, T., "A Complexity Measure," *IEEE Transactions on Software Engineering*, 2, 12 (December 1976), pp. 308-320. *(Principle 120)*

McConnell, S., *Code Complete*, Redmond, Wash.: Microsoft Press, 1993, Chapter 18; p. 638; Sections 3.5, 4.2-4.4, 5.6, 17.4, 17.6, 25.6, 32.3. *(Principles 85, 92, 96, 99, 101, 102, 105, 188, 196)*

McGregor, D., *The Human Side of Enterprise*, New York: McGraw-Hill, 1960. *(Principle 134)*

Mendis, K., "Personnel Requirements to Make Software Quality Assurance Work," in *Handbook of Software Quality Assurance*, C.G. Schulmeyer, and J. McManus, eds., New York: Van Nostrand Reinhold, 1987, pp. 104-118. *(Principle 177)*

Meyer, B., "On Formalism in Specifications," *IEEE Software*, 2, 1 (January 1985), pp. 6-26. *(Principles 35, 54)*

Miller, G., "The Magical Number Seven, Plus or Minus Two," *The Psychological Review*, 63, 2 (March 1956), pp. 81-97. *(Principle 67)*

Mills, H., "Top-Down Programming in Large Systems," in *Debugging Techniques in Large Systems*, R. Ruskin, ed., Englewood Cliffs, N.J.: Prentice Hall, 1971. *(Principle 14)*

Mizuno, Y., "Software Quality Improvement," *IEEE Computer*, 16, 3 (March 1983), pp. 66-72. *(Principle 29)*

Morton, M., as reported by Bentley, J., *More Programming Pearls*, Reading, Mass.: Addison-Wesley, 1988, Section 6.4. *(Principle 199)*

Musa, J., A. Iannino, and K. Okumoto, *Software Reliability*, New York: McGraw-Hill, 1987, Section 4.2.2. *(Principle 86)*

Myers, G., *The Art of Software Testing*, New York: John Wiley & Sons, 1979, pp. 12, 14, 113-114. *(Principles 109, 116-118)*

Parnas, D., "A Technique for Software Module Specification with Examples," *Communications of the ACM*, 15, 5 (May 1972), pp. 330-336. *(Principle 80)*

Parnas, D., "On the Criteria to Be Used in Decomposing Systems into Modules," *Communications of the ACM*, 15, 12 (December 1972), pp. 1053-1058. *(Principle 65)*

Parnas, D., "Designing Software for Ease of Extension and Contraction," *IEEE Transactions on Software Engineering*, 5, 2 (March 1979), pp. 128-138. *(Principles 44, 77, 78)*

Pfleeger, S., "Lessons Learned in Building a Corporate Metrics Program," *IEEE Software*, 10, 3 (May 1993), pp. 67-74. *(Principle 143)*

Ramamoorthy, C. V., V. Garg, and A. Prakash, "Programming in the Large," *IEEE Transactions on Software Engineering*, 12, 7 (July 1986), pp. 769-783. *(Principle 66)*

Rauscher, T., private communication, 1977. *(Principle 137)*

Reagan, R., as reported by Bentley, J., *More Programming Pearls*, Reading, Mass.: Addison-Wesley, 1988, Section 6.3. *(Principle 187)*

Reifer, D., "The Nature of Software Management: A Primer," *Tutorial: Software Management*, D. Reifer, ed., Washington, D.C.: IEEE Computer Society Press, 1986, pp. 42-45. *(Principles 132, 159)*

Romach, H. D., "Design Measurement: Some Lessons Learned," *IEEE Software*, 7, 2 (March 1990), pp. 17-25. *(Principle 75)*

Royce, W., "Managing the Development of Large Software Systems," *WESCON '70*, 1970; reprinted in *9th International Conference on Software Engineering*, Washington, D.C.: IEEE Computer Society Press, 1987, pp. 328-338. *(Preface, Principles 10, 64)*

Sackman, H., et al., "Exploratory Experimental Studies Comparing Online and Offline Programming Performance," *Communications of the ACM*, 11, 1 (January 1968), pp. 3-11. *(Principle 141)*

Siegel, S., "Why We Need Checks and Balances to Assure Quality," Quality Time Column, *IEEE Software*, 9, 1 (January 1992), pp. 102-103. *(Principle 173)*

Sommerville, I., *Software Engineering*, Reading, Mass.: Addison-Wesley, 1992, Sections 20.0, 20.1. *(Principles 6, 57)*

Stark, G., R. Durst, and C. Vowell, "Using Metrics in Management Decision-Making," *IEEE Computer*, 27, 9 (September 1994). *(Principle 149)*

Turski, W., oral comments made at a conference in the late 1970s. *(Principle 19)*

U.S. Air Force, *Cost/Schedule Management of Non-Major Contracts*, Air Force Systems Command Publication #178-3, Andrews AFB, Md.: (November 1978). *(Principle 166)*

Wallace, D., and R. Fujii, "Software Verification and Validation: An Overview," *IEEE Software*, 6, 3 (May 1989), pp. 10-17. *(Principle 184)*

Weinberg, G., *The Psychology of Computer Programming*, New York: Van Nostrand Reinhold, 1971, Chapters 6-7. *(Principle 131)*

Weinberg, G., "Software Maintenance," *Datalink* (May 14, 1979), as reported by Arthur, J., *Software Evolution*, New York: John Wiley & Sons, 1988, Chapter 12. *(Principle 194)*

Weinberg, G., *Rethinking Systems Analysis and Design*, New York: Dorset House, 1988, Part V. *(Principle 63)*

Weinberg, G., *Quality Software Management*, Vol. 1: Systems Thinking, New York: Dorset House, 1992, Sections 1.2, 12.1.2, 13.2.3, 15.2.3, 15.3.5. *(Principles 2, 112, 119, 171, 197)*

Weinberg, G., and E. Schulman, "Goals and Performance in Computer Programming," *Human Factors, 16* (1974), pp. 70-77. *(Principle 142)*

Weiser, M., J. Gannon, and P. McMullin, "Comparison of Structural Test Coverage Metrics," *IEEE Software, 2,* 2 (March 1985), pp. 80-85. *(Principle 122)*

Whitgift, D., *Methods and Tools for Software Configuration Management*, New York: John Wiley & Sons, 1991, Chapter 9. *(Principle 183)*

Witt, B., F. Baker, and E. Merritt, *Software Architecture and Design*, New York: Van Nostrand Reinhold, 1994, Sections 1.1, 1.3, 2.5, 2.6, 6.4.2.6. *(Principles 70, 71, 74, 76, 81)*

Yeh, R., P. Zave, A. Conn, and G. Cole, Jr., "Software Requirements: New Directions and Perspectives," in *Handbook of Software Engineering*, C. Vick and C. Ramamoorthy, eds., New York: Van Nostrand Reinhold, 1984, pp. 519-543. *(Principle 48)*

Yourdon, E., *How to Manage Structured Programming*, New York: Yourdon, Inc., 1976, Sections 5.2.2, 5.2.5. *(Principles 100, 103)*

Yourdon, E., *Decline and Fall of the American Programmer*, Englewood Cliffs, N.J.: Prentice Hall, 1992 (Chapter 8). *(Principle 1)*

Zerouni, C., as reported by Bentley, J., *More Programming Pearls*, Reading, Mass.: Addison-Wesley, 1988, Section 6.1. *(Principle 68)*

# 术语索引
SUBJECT INDEX

Algorithms（算法），92, 108

Ambiguity, in requirements（歧义，需求中），63, 64

Assumptions（假设），27

Availability（可用性），68, 99

Bell Labs（贝尔实验室），10

Big bang（大爆炸），136

Black-box testing（黑盒测试），132

Brooks' law（布鲁克斯定律），159

Carry the water（"端茶送水"，意指为员工服务，并做一些支撑辅助工作），156

CASE, 30-32

costs（成本），32

fad（流行趋势），37

indexing（索引），41

productivity gains（开发效率提升），30-31

realism 现实，30

Change（变化）：

continuous（持续变化），208

designing for（为变化而设计），87

managing（对变更进行管理），22, 23, 202-204

Coding（编码），101-121

comments（注释），110-111

defined（定义），101

inspections（评审），113

language selection（编程语言的选择），117-119

naming conventions（命名规范），106

nesting（嵌套），116

programming language（编程语言），114

structured programming（结构化编程），114-116

tricks（技巧），102

understandability（易于理解），104

when to start（何时开始），121

Cohesion（内聚），86

Comments（注释），110-111

Communication（沟通）：

with customers（与客户），15

employees（与员工），155

with users（与用户），15

Conceptual integrity（概念一致），84

Conciseness, in requirements（需求要简洁），61

Configuration management（配置管理），22, 23, 48, 195-204

baselines（基线），200

change control（变更控制），202-204

configuration identification（配置标识），199

controlling baselines（控制基线），200

customizing（定制），196

defined（定义），193

during development（在开发中），23

independent of project management（独立于项目管理），197

naming（命名），199

versions（版本），199

when to start（何时开始），195

Consistency（一致性）：

naming concepts（对概念的命名），42

Cost estimation（成本估算）：

accuracy（准确度），173

reassessing（重新评估），174

role of requirements（需求的角色），48

tailoring（剪裁），165

underestimating（低估），175

unrealistic deadlines（不切实际的最后期限），166, 167

Coupling（耦合），86

Cross-referencing（相互参照）：

requirements to design（需求与设计），75

requirements to source（需求与来源），53

requirements to tests(需求与测试), 124

Customers（客户）, 14-16, 149

Data structure selection（数据结构的选择）, 108

Design（设计）, 73-99
- algorithms（算法）, 92
- avoiding in requirements（避免在需求分析阶段进行系统设计）, 56
- change（变更）, 87
- conceptual integrity（概念一致）, 84, 85
- coupling and cohesion（耦合和内聚）, 86
- defined（定义）, 73
- documentation, role of（文档, 角色）, 77
- efficiency（效率）, 92
- encapsulation（封装）, 78
- errors（错误）, 85, 89

evaluating alternatives（评估备选方案）, 76
- flexibility（灵活性）, 91
- generality（通用性）, 90
- intellectual control（知识可控范围）, 83
- intellectual distance（智力距离）, 82
- maintenance（可维护性）, 88

multiple views（多角度）, 94

reinventing the wheel（重复造轮子）, 79

simplify（简洁）, 80-83

special cases（特殊案例）, 81

tracing to requirements(跟踪需求), 75

transitioning from requirements（从需求转化）, 74

Designers（设计师）, 95

Documentation standards (see Standards, documentation)（文档规范, 参考"规范, 文档"）

Efficiency（效率）, 92
- vs. reliabilty（与可靠性对比）, 13

Encapsulation（封装）, 78

Entropy（熵）, 209

Environment（环境）, 68

Errors（错误）:
- analyzing（分析）, 141
- causes（缘由）, 142
- conceptual vs. syntactic（概念错误与语法错误对比）, 85
- designing for（为……而设计）, 89
- distribution（分布）, 131, 213
- during maintenance（维护期间）, 218, 220

egoless（不自觉的），143

finding（发现），128-130

fixing（修复），211

Evolution（演化），207-224

defined（定义），207

existence causes evolution（存在促进了演变），224

Excellence, expecting（优秀，期望），154

Fads（流行趋势），37, 148

Familiarity（熟悉），223

Flexibility（灵活性），91

Formal methods（形式化方法），35

Formatting programs（格式化程序），120

Garbage in garbage out（错进错出），98

Generality（通用性），90

Global variables（全局变量），103

Glossaries（术语表），40

Hardware（硬件）：

Evolution（演化），188

Overstraining（过度使用），187

Incompleteness, in requirements（需求中的不完整性），69

Incremental development（增量开发），21

Index（索引），41

Inspections（检查）：

code（代码），113

requirements（需求），55

Instrumenting software（测量软件），141

Integration testing（集成测试），137, 140

Intellectual control（知识可控范围），83

Intellectual distance（智力距离），82

Japan vs. U.S. software industry（日本与美国软件行业的对比），36

Know-when vs. know-how（知道何时与知道如何的对比），33

Languages（编程语言）：

defined（定义），xxxiii, 3

for different phases（在不同阶段），28

for maintenance（为了维护），215

productivity（开发效率），171

selecting（选择），117-119

Lemmings（跟风），37

Lines of code（代码行数），163, 171

Maintenance（维护）：

and age of program（程序的新旧程度），214

designing for（为可维护性而做的设计），88

error creation（错误的出现），218, 220

languages（语言），215

regression testing（回归测试），219

Make/buy decision（购买与创作的抉择），24

Management（管理），145-191

allocating resources（分配资源），176

carry the water（端茶送水），156

communication skills（沟通技巧），155

defined（定义），145

expecting excellence（期望优秀），154

importance（重要性），146

listening skills（聆听的技巧），152

motivating employees（激励员工），157

optimizing a project（优化项目），161

process model selection（流程模型的选型），182

project planning（项目规划），177-182

project postmortem（项目回顾），191

style（风格），146

trust（信任），153

by variance（差异化管理），186

vs. technology（与技术的对比），146

(see also Cost estimation, Personnel, Risk management, and Schedule)（参考"成本估算""人力""风险管理""计划"）

McCabe complexity measure（McCabe 复杂度指标），137

Measurement（度量），168

collecting data（收集数据），162, 169

fad（流行趋势），37

lines of codes（代码行数），163

McCabe complexity（McCabe 复杂度），137

productivity（开发效率），163, 164, 169-171

test completion（测试完成度），138

test complexity（测试复杂度），137

Methods (see Techniques)（方法，参考"技巧"）

Module specifications (see Specifications, module)（模块规范，参考"规范,模块"）

Motivation skills（激励技巧）, 157

Multiple views（多角度）:

    design（设计）, 76, 94

    requirements（需求）, 58

Mythical person-month（人月神话）, 159

Naming conventions（命名规范）, 106

NASA（美国宇航局）, 11

Natural languages（自然语言）, 64

Nesting code（嵌套代码）, 116

Notations (see Languages)（表达法，参考"编程语言"）

Object-orientation, fad（面向对象，潮流）, 37

Office noise（办公室噪声）, 158

Optimization（优化）:

    of a program（程序的优化）, 222

    of a project（项目的优化）, 161

Personnel（人员）:

    communication skills（沟通技巧）, 155

    expecting excellence（期望优秀）, 154

    listening to（倾听）, 152

    and motivation（与"动机"）, 157

    and product assurance（与"产品保证"）, 198

    and project success（与"项目成功"）, 150

    quality（质量）, 151, 160

    rotating assignments（轮换）, 198

    trust（信任）, 153

    vs. time（与时间对比）, 159

Phases, languages for（阶段，语言）, 28

Planning projects（项目计划）, 177-182

Political dilemma（政治困境）, 9

Postmortems（回顾）, 191

Pretty-printing (see Formatting programs)（漂亮的打印，参考"格式化程序"）

Principle（原则）:

    defined（定义）, xxxiii, 3

    software engineering vs, other disciplines（软件工程与其他学科）, xxxiv, 3

Prioritizing requirements（需求优先级）, 16, 60, 149

Problems vs. solutions（问题与解决方案）, 26

Process maturity, fad（过程成熟度，潮流）, 37

Process models（流程模型） 182

Product assurance（产品保证）, 193-205

    defined（定义）, 193

not luxury（不是奢侈品）, 194

Productivity（开发效率）, 10

    collecting data（收集数据）, 162, 169

    increasing（提升）, 184

    and language selection（语言选择）, 117-119

    measuring（衡量）, 163, 164, 169-171

    team（团队）, 170

    vs. quality（与质量对比）, 10

Profilers（性能分析工具）, 222

Programming languages (see Languages)（编程语言，参考"语言"）

Process tracking（过程跟踪）, 185, 186

Project planning（项目计划）, 177-182

Project postmortems（项目总结）, 191

Prototyping（原型）, 11-12, 14, 17-20, 48, 50

    fad（时尚）, 37

    features（特性）, 19

    techniques（技术）, 20

    throwaway vs. evolutionary（一次性与演进式的对比）, 18, 19

    user interfaces（用户接口）, 63

Quality（质量）, 8-13

    cost of（成本）, 11

    retrofitting（改进）, 12

    vs. productivity（与开发效率对比）, 10

Quality assurance, defined（明确质量保证，定义）, 193

Reengineering (see Renovation)（重建，参考"翻新"）

Regression testing（回归测试）, 219

Reinventing the wheel（重复造轮子）, 79

Reliability（可靠性）：

    redundancy（冗余）, 99

    specifying（具体说明）, 67

    vs. efficiency（与执行效率对比）, 13

Renovation（翻新）, 217, 221

Reputation（荣誉）, 36

Requirements engineering（需求工程）, 47-70

    ambiguity（歧义）, 63, 64

    availability（可用性）, 68

    avoiding design（避免设计）, 56

    changing（优先改变）, 212

    conciseness（简洁）, 61

    cost estimation（成本估算）, 48

    database（数据库）, 70

    defined（定义）, 47

    environment（环境）, 68

    errors（错误）, 51

incompleteness（未完成）, 69

inspecting（评审）, 55

multiple views（多视角）, 58

natural language, role of（自然语言，角色）, 64-66

numbering（编号）, 62

organizing（组织）, 59

prioritization（优先级）, 16, 60, 149

problem vs. solution(问题与解决方案), 49

reliability（可靠性）, 67

requirements creep（需求演变）, 22, 224

techniques（技术）, 57

tracing to design（追溯设计）, 75

tracing to source（追溯来源）, 53

tracing to tests（追溯测试）, 124

understandability（可理解性）, 64-66

vs. design（与设计对比）, 56, 74

Responsibility, taking（责任，承担）, 44

Reuse（复用）, 97

Reviews, see Inspections（评审，参考"检查"）

Risk management（风险管理）:

knowing top 10 risks（知晓十大风险）, 180

role of requirements（需求的角色）, 48

understanding risks（了解风险）, 181, 190

user interfaces（用户界面）, 52

Scaffolding software（脚手架软件）, 140

Schedule（排期）:

believing（相信）, 172

progress tracking（过程跟踪）, 185, 186

reassessing（重新评估）, 174

underestimating（低估）, 175

unrealistic deadlines（不切实际的截止日期）, 166, 167

vs. staffing（与人员配备对比）, 159

Side effects（副作用）, 105

Simplicity（简单）, 80, 81

Software configuration management (see Configuration management)（软件配置管理，参考"配置管理"）

Software engineering, defined（软件工程，定义）, xxxiii

Software engineers（软件工程师）:

communication skills（沟通技巧）, 155

expecting excellence（期望优秀）, 154

listening to（倾听）, 152

and motivation（动机）, 157

and project success（项目成功）, 150

quality（质量），151,160

trust（信任），153

vs. time（与时间对比），159

Software quality assurance (see Quality assurance)（软件质量保证，参考"质量保证"）

Software verification and validation (see Verification and validation)（软件验证和确认，参考"验证和确认"）

Specifications, module（规格说明，模块），93

Standards, documentation（标准,文档），39-41, 70

Standing waves（驻波），179

Stress testing（压力测试），135

Structured programming（结构化编程），114-116, 221

Subsets（子集），54

Techniques（技术）：

before tools（优先于工具），29

blindly following（盲目遵循），34

defined（定义），3

effectiveness（效率），183

right（正确的），57

Technology（技术）：

hardware capability（硬件能力），187,188

software（软件），37-38,189

vs. management（与管理对比），146

Technology transfer（技术转化），43

Test cases（测试用例），133,134

Testing（测试），123-143

big bang（大爆炸），136

black-box（黑盒），132

completion measures（完成度指标），138

complexity measures（复杂度指标），137

coverage（覆盖），139

defined（定义），123

expected results（期望结果），133

integration testing（集成测试），137,140

planning（计划），125, 127

purpose（目的），128-130

regression（回归测试），219

stress（压力），135

test cases（测试用例），133, 134

tracing to requirements（跟踪需求），124

unit testing（单元测试），137, 140

white-box（白盒），132

Test planning（测试计划），125, 127

To be determined（待定项），69

Tools（工具）：

  defined（定义），4

  and techniques（技术），29

  (see also CASE)（参考 CASE）

Tracing (see Cross-referencing)（追溯，参考"交叉引用"）

Trade-off analysis（权衡分析）：

  between changes（变更），202, 203

  between design alternatives（备选方案），76

  between making and buying（开发和购买），24

Tricks, role of（技巧），102

Understandability（可理解性）：

  of code（代码），104, 106, 107

  of requirements（需求），64-66

Unit testing（单元测试），137, 140

U.S. vs. Japan software industry（美国和日本的软件工业对比），36

User interfaces（用户界面），25, 52

Users（用户），14-16

Users' manuals（用户手册），25

Verification and validation（验证和确认），205

  defined（定义），193

White-box testing（白盒测试），132

延伸阅读图书

**程序员修炼之道：
通向务实的最高境界（第2版）**

扫码了解本书更多详情

▶ 本书之所以在全球范围内广泛传播，被一代代开发者奉为圭臬，盖因它可以创造出真正的价值：或编写出更好的软件，或探究出编程的本质，而所有收获均不依赖于特定语言、框架和方法。

▶ 时隔20年的新版，经过全面的重新选材、组织和编写，覆盖哲学、方法、工具、设计、解耦、并发、重构、需求、团队等务实话题的最佳实践及重大陷阱，以及易于改造、复用的架构技术。

▶ 本书极具洞察力与趣味性，适合从初学者到架构师的各阶层读者潜心研读或增广见闻。

**万亿级流量转发：
BFE核心技术与实现**

扫码了解本书更多详情

▶ BFE定位于"为企业级使用场景设计的七层负载均衡开源软件"。BFE于2012年由百度开始研发，每日转发请求超过万亿次；2019年对外开源，2020年6月成为国内首个被CNCF（云原生计算基金会）接受的网络方向开源项目。

▶ 本书围绕BFE开源项目，介绍网络前端接入和网络负载均衡的相关技术原理，说明BFE开源软件的设计思想和实现机制，讲解如何基于BFE开源软件搭建网络接入平台。

延伸阅读图书

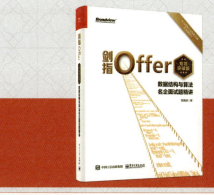

剑指Offer（专项突破版）：数据结构与算法名企面试题精讲

扫码了解本书更多详情

- 本书全面系统地总结了在准备程序员面试过程中必备的数据结构与算法，首先详细讨论整数、数组、链表、字符串、哈希表、栈、队列、二叉树、堆和前缀树等常用的数据结构，然后深入讨论二分查找、排序、回溯法、动态规划和图搜索等算法。

- 除了介绍相应的基础知识，每章还通过大量的高频面试题系统地总结了各种数据结构与算法的应用场景及解题技巧。

- 本书适合所有正在准备面试的程序员阅读。无论是计算机相关专业的应届毕业生还是初入职场的程序员，本书总结的数据结构和算法的基础知识及解题经验都不仅可以帮助他们提高准备面试的效率，还可以增加他们通过面试的成功率。

剑指Offer：名企面试官精讲典型编程题（第2版）

扫码了解本书更多详情

- 本书剖析了80个典型的编程面试题，系统整理基础知识、代码质量、解题思路、优化效率和综合能力这5个面试要点。

- 全书共分7章，主要包括面试的流程、面试需要的基础知识、高质量的代码、解决面试题的思路、优化时间和空间效率、面试中的各项能力和两个面试案例。

- 第二版重磅升级。

本书在GitHub上建有相关主题讨论区，
读者可通过GitHub官网进入ikingye/201posd库，
展开讨论和提交反馈。
欢迎你的加入！